Pasta & Pizza & Quiche & Bread & Snack & Sandwich

異國風麵食料理

鹹派、披薩、餅、麵和點心

文青主廚｜金一鳴 Jimmi 著

朱雀文化

序 　手作最有溫度的異國風麵食

　　「南稻北麥」糧食種植的分野，為中式料理帶來多元化的飲食習慣與風味。我的父母來自中國大陸南方，我出生於台灣，都屬於南稻的種植領域，但是竹籬笆內眷村的成長背景，南北各地族群的融合，使北麥麵食從小就成了家中餐桌的常客，也造成我偏愛麵食。長大之後，旅行帶我去認識世界，而品嘗當地食物更是貼近風土民情的好方法，愛吃麵食的我雖然自豪中式麵點料理的豐富，但在旅行途中，也確實吃到不少美味的異國麵點，當中最具代表性的，莫過於義大利這個老牌美食王國，從琳琅滿目的義大利麵到千變萬化的披薩，以及許多煎炸烤的鹹麵點，都是老饕的最愛。而同樣是古文明的國家也都有各具代表性的麵食，如法國的鹹派和可麗餅、印度的烤餅、中東的口袋餅、土耳其的夾餅等等，都是膾炙人口的經典麵食。

　　現代人因為工作忙碌與生活步調緊湊，對飲食的要求趨向方便快速，也衍生出各種料理半成品與加工品，我們吃的不再是食物而是食品。部分無良商人為求獲利，進而使用黑心食材，讓消費者滿足了口腹之慾，卻失去了健康。這一波波食安危機，不禁讓我們開始重視食材的來源與品質，更刺激了許多人重新回到廚房，烹調安心的真食物。因此，我想跟讀者們分享這些年來我從各國旅遊中品嘗到，來自於母親、妻子或家人的溫暖手作鹹派和麵食。這些料理的主要食材都是麵粉，但卻不像烘焙蛋糕、西點或麵包般困難複雜，食材份量的比例也不需如此精準，只要熟悉麵團特性和一些製作小訣竅，即便是料理新手也能做成功。我迫不及待想將這些美味麵食、餅類、披薩、義大利麵、三明治等介紹給讀者們，希望大家能跟我一起試試，同時也藉著這一道道異國鹹派和麵食，展開一場異國之旅，開啟味覺的小冒險吧！

金一鳴

content

目錄

content

烹調異國風味的糕餅、料理,食材和調味料的選擇很重要。除了大家常見、容易購買到的材料之外,還有一些稍微特別,像是起司、香草、香料等,希望大家在烹調本書料理前能先認識它們。

❶ 球莖茴香（Fennel）

又叫作佛羅倫斯茴香、甘茴香,外表和洋蔥相似,白嫩的顏色且富有光澤,可食用嫩葉與球根膨脹部位,多當作蔬菜使用。球莖茴香具有溫和的洋茴香風味與自然甘甜味,多用在料理上,製作清爽沙拉、涼拌時,口感清脆;與肉類烹調時,散發清甜味與香氣。

❷ 櫻桃蘿蔔（Radish cherry belle）

原產於歐洲,如櫻桃般小巧可愛,在日本則叫作「二十日大根」,是指約二十天便可以收成的意思,在傳統市場、超市都能買到。紅皮白肉,口感清脆,可以當作沙拉的食材、料理的盤飾。

❸ 櫛瓜（Zucchini）

又叫作西葫蘆、夏南瓜,有綠色、黃色和白色皮的種類,常見於歐美的餐桌上。雖然長得和黃瓜很像,但卻是南瓜屬。外皮比較脆硬,適合以燉煮或煎炸方式烹調,但如果想生食的話,可以先削除外皮,再切薄片食用。

❹ 甜菜根（Beetroot）

如洋蔥般大小,屬於根莖類作物,也是歐美餐桌上的常見食材,台灣傳統市場也買得到。切開後果肉呈深紅色,汁多、口感偏脆,富含維生素與鐵質,對吃素的女性而言,是極推薦的食材。一般可以燉煮、打成果汁、煮成蔬菜湯食用。

❺ 檳榔花（Areca flower）

如白色稻穗般,又叫半天花,是檳榔的花,常見於夏季。可用簡單的涼拌、快炒方式烹調,或者像本書中當作派的餡料（參照p.29檳榔花起司鹹派）。

❶ 乾義大利粗麵管（Maniche rigate）

也叫義式粗管麵，如水管般又粗又寬的圓柱形，口感厚實、有彈性，中間可塞填入肉類、海鮮、蔬菜泥等餡料，讓義大利麵料理更具變化。

❷ 斜管麵（Penne rigate）

「Penne」在拉丁文中，有羽毛管、羽毛的意思。兩端削尖的斜口筆管形狀，中間有空洞，表面也有刻紋，有助於吸附肉醬、青醬等醬汁，因此適合使用於醬汁較多的義大利麵。

❸ 杜蘭小麥粉（Semola）

杜蘭小麥粉，又叫硬粒小麥，相較於目前所使用的小麥品種，杜蘭小麥是更古老的品種。含有高蛋白質和豐富的礦物質與維他命，且較不易引起過敏。因為較硬，所以只能打碎成粉，顆粒較一般麵粉粗，又叫沙子粉，是將杜蘭小麥打碎而成，顏色偏黃。這種粉煮久不會黏糊，多用在製作義大利麵和管形短麵（Maccheroni）、麵餃，市售產品都是進口商品。

特殊
材料介紹
起司
About Special Ingredients

❶ 切達起司（Cheddar）

氣味溫和，口感濃郁，以英國生產的品質為最佳。一般可分成乳白色的白切達、橘色的紅切達。多用來製作三明治或當作佐酒小點。

❷ 馬斯卡彭起司（Mascarpone）

是因甜點提拉米蘇而聞名的軟質起司，色澤潔白，質地柔軟，微甜與淡淡的奶香，嘗起來口感滑順。它是將新鮮牛奶發酵凝結，再去除部分水分後形成的新鮮起司。軟硬介於鮮奶油和奶油之間，多用在製作慕斯類點心。

❸ 瑞可塔起司（Ricotta）

是使用起司製作過程中排出的乳清，再加入新鮮牛奶加溫製成。口感清爽，帶牛奶的甜味。可以製作點心、千層麵。

❹ 酸奶油（Sour Cream）

又叫酸奶，口感微酸、香氣濃厚，是由乳酸菌和奶油發酵製成。多用來製作起司蛋糕、沾醬和抹醬等異國料理的醬汁。

❺ 卡門貝爾起司（Camembert）

屬於軟質起司，是法國知名的白黴起司。表面覆蓋一層白黴，內部則是金黃色乳霜狀，帶有濃厚的奶味與清爽的芳香，適合用來製作開胃小點、甜點，或者搭配紅酒、法國麵包和水果食用。

❻ 帕瑪森起司（Parmesan）

傳統的義大利起司，呈淡黃色，易碎，磨成粉後散發濃郁的香氣。市售常見的分成塊狀、粉狀兩種，粉狀的雖使用方便，但風味易喪失，建議可購買塊狀的，當使用時再現刨，一般多搭配沙拉、烹調其他料理。

❼ 菲塔起司（Feta）

希臘的傳統羊奶起司，但現在也有牛奶製的。只有在希臘生產的，才能叫「Feta」起司。無特殊味道，但有較重的鹹味，可搭配沙拉食用。

❽ 藍黴起司（Blue Cheese）

散發出濃郁的柑橘味與些微臭味，具有極特殊的風味，是佐紅酒的最佳小點。做法是將藍黴與凝乳混合，再填裝於模型中進行熟成。多用在製作點心，或者搭配法國麵包。

❾ 莫札瑞拉起司（Mozzarella）

俗稱水牛起司，一般是泡在鹽水中販售，可用來點綴料理。以水牛乳製作的較乳牛乳的品質好。

特殊
材料介紹
調味料
About Special Ingredients

❶ 椰漿（Coconut Cream）

從椰子肉榨取而成的白色黏稠液體，一般多用在做糕點、甜品和飲料、料理，可增添風味。開罐後未使用完的要放入冰箱冷藏保存，但仍應盡快用畢。

❷ 巴薩米哥醋（Balsamico）

又叫義大利陳年酒醋、義大利香醋。「Balsamico」一字，有「如同香脂」的意思。做法是以葡萄汁經煮沸後蒸發水分，使體積剩約原來的30％，再經過至少12年以上的發酵釀造而成，成品濃稠，市面上目前較低價的義大利酒醋多是以化學釀造法速成。具有獨特的香氣與風味，是義大利常見的調味品。通常用在麵包沾醬、調製沙拉醬汁。

❸ 塔巴斯可辣椒醬（Tabasco）

來自美國，紅色醬汁搭配綠色的字，產品辨識度極高。它是以紅辣椒、艾微利島礦物鹽和天然醋製造，是喜歡辣的人不可錯過的調味料之一。可搭配沙拉、海鮮、肉類料理等，只要幾滴便能讓料理更美味。

❹ 第戎芥末醬（Dijon Originale）

這款有名的黃褐色芥末醬又叫法式芥末醬，原料是芥末籽、白葡萄酒、葡萄汁、水和醋，是法國料理中很常見的醬汁。柔和的酸與特殊的風味，嗆辣度低於美式、日式芥末醬，通常用來製作沙拉醬汁，或搭配漢堡、三明治、海鮮與肉類等料理。另有第戎芥末籽醬，保留整個芥末籽，用途亦廣。

特殊材料介紹
新鮮香草
About Special Ingredients

❶ 奧勒岡（Oregano）

又名牛治、披薩草、蘑菇草，原產於西亞、地中海區域、歐洲至北非，現則廣泛栽植。帶些微苦味，常用於烹飪香料或製作精油、製茶。乾燥後的奧勒岡比新鮮的香氣更濃郁，所以用量必須比新鮮的少。除了搭配蕃茄和起司，也常搭配披薩食用。

❷ 迷迭香（Rosemery）

原產於地中海地區，是最常用在烹飪用途的香草之一。葉片有樟腦的氣味，很適合搭配重口味料理、製作香草油、香草醋，也能泡成香草茶，其特殊的香氣還可以提神醒腦。

❸ 洋香菜（Parsley）

又叫巴西里、荷蘭芹、歐芹、洋芫荽等，是最為人所知且用途極廣的香草之一，目前於世界各地皆有栽種。通常分成平葉和捲葉兩個品種，平葉巴西里氣味較溫和，多用在烹調料理上，捲葉巴西里則多用在料理的盤飾。

❹ 百里香（Thyme）

又叫麝香草，具有烹飪和藥用功效。散發獨特的香氣，但不會蓋過食材原味。除了可以熬湯、燉煮、泡茶、釀酒之外，調配成漱口水則有殺菌功能。乾燥後的百里香香氣，比新鮮的更濃郁，用量需斟酌減少。

特殊
材料介紹
香料
About Special Ingredients

❶ 小茴香（Cumin）

左頁照片中為乾燥後的小茴香籽（上）和小茴香粉（下）。香氣獨特，容易辨識，具有去腥、提鮮、增香的功能，小茴香經過烘烤香氣更濃郁，此外，也適合燉煮、油煎等烹調方式。

❷ 匈牙利紅椒粉（Paprika）

歐式料理最常用的調味料之一，是以紅椒（燈籠椒）和多種椒、甜味椒去皮乾燥後，磨成粉末製成，在國外有分成數種辣度的商品，但一般比較容易買到的是微辣、些許甜味的溫和風味款。匈牙利紅椒粉多用在湯品、燉煮等，美麗的色澤更可以為料理加分。

❸ 豆蔻粉（Nutmeg Ground）

將豆蔻的果核磨成粉製成，香味濃郁，通常用量不需太多，即可為料理增味。多用在烘焙糕點、湯品、蔬菜料理等。

❹ 紅胡椒粒（Pink Pepper Corn）

胡椒植物的果實成熟後變成紅色，再經乾燥即成，溫和不刺激。常見的還有黑、白、綠色胡椒粒，依風味特性選用。可用作高湯或醬汁、醃漬食物的調味。

❺ 黑芥末籽（Black Mustard Seeds）

多用在印度料理的調味。一般分為白、褐、黑三種顏色，本身沒有味道，但經過加熱或磨碎後，香氣與嗆辣度變得明顯，存放於乾燥容器中可保存更久。

❻ 番紅花（Saffron）

生長於地中海沿岸的紫色花朵，其中尤以西班牙的品質最佳，它的香味特殊，雌蕊泡水後會溶出艷麗的金黃色澤。由於每一朵花裡僅有3～4絲雌蕊可用，摘取費工，所以價格非常昂貴。

❼ 薑黃粉（Organic Turmeric）

美麗的黃色粉末，又叫鬱金香粉，多用在調製咖哩粉。些許辣、甜味，可加於醃漬、湯品、醬汁、沙拉、米飯等料理中，既可調味，還可增色。

Part 1

派&酥皮

Quiche & Filo

只要學會做基本的派皮加上活用市售的薄酥皮，
搭配不同的甜鹹餡料，
就能變化出數十種歐式、美式和無國界風味塔派。
香酥的鹹味派和餅，是糕點之外的另一番好滋味。

義 大 利 風 味

Pie with Cherry Tomatoes and Avocado

蜂蜜蕃茄酪梨派

份量 Serves
直徑 8 公分、1.5 公分高的派 6 個

材料 Ingredient

基本派皮（鹹派皮）
過篩的高筋麵粉100克
過篩的低筋麵粉100克
鹽適量、無鹽奶油100克
冰水60～75克

餡料
小蕃茄24個
特級橄欖油適量
蜂蜜適量
鹽適量
乾羅勒葉適量
酪梨果肉200克
優格50克
新鮮羅勒葉適量

做法 Method

◆ **製作鹹派皮麵團** ◆

1　將高筋麵粉、低筋麵粉混合後堆放在工作檯或大碗盆中，堆成山狀，加入鹽拌勻。

2　從冰箱取出奶油，迅速切成小丁，放入麵粉中，以手指尖迅速混拌麵粉與奶油丁，混拌成約黃豆大小的小麵粉塊（圖❶）

3　在麵粉塊中心處挖一個凹洞（也稱作挖一口井），倒入60克冰水，以手或叉子將麵粉塊和冰水慢慢混合均勻。如果麵團太乾，可酌量加入些冰水，揉搓成光滑的麵團（圖❷）。包上保鮮膜，放入冰箱冷藏30分鐘以上，即成鹹派皮麵團。

4　從冰箱中取出鹹派皮麵團，取150克麵團放於室溫，等稍微軟化後，分切成每個25克的小麵團6個，以擀麵棍擀成直徑12公分、0.3～0.4公分厚的薄圓麵皮。

5　小心地拿起麵皮，平貼在直徑8公分、1.5公分高的塔模上，輕輕將麵皮與塔模貼平，特別是塔模底部的轉角處，修掉多餘的麵皮，再以叉子在麵皮底部刺些小孔（圖❸），然後放回冰箱冷藏鬆弛20～30分鐘以上。

下一頁還有步驟圖喔！

約黃豆大小的小麵粉塊

6　烤箱以上下火180℃預熱。將烤盤紙或鋁箔紙鋪在生派皮上，倒入適量烘焙重石（圖❹），放入烤箱烤10～15分鐘，至派皮烤乾且形狀固定即可取出。移開烤盤紙與重石，再放入烤箱繼續烤5～10分鐘，或至派皮呈金黃色，取出稍微放涼（圖❺）。

◆ 製作餡料 ◆

7　烤箱以上下火180℃預熱。小蕃茄排在烤盤上，淋上橄欖油、蜂蜜，撒上鹽、乾羅勒葉，放入烤箱烤約30分鐘，至小蕃茄香軟即可取出。酪梨果肉和優格、鹽拌勻成果泥。

◆ 組合、完成 ◆

8　將果泥填在盲烤好的派餅上，排上小蕃茄，裝飾新鮮羅勒葉即可。

Tips 小訣竅

1　製作派皮時，材料與環境都須保持低溫，才能保持奶油的固體形狀，這也是派皮口感酥脆有層次的原因。必要時，麵粉也可先放入冰箱冷藏再使用，最後所有材料揉搓成麵團時，也不可過度，避免奶油融化。

2　高筋麵粉較鬆滑、不黏手，適合用來當手粉。

完成囉！

法 國 風 味

French Onion Quiche

法式洋蔥鹹派

材料、步驟圖
在下一頁喔！

成品圖在前一頁！

法國風味

French Onion Quiche

法式洋蔥鹹派

份量 Serves

直徑 8 吋（約 20 公分）、5 公分高的鹹派 1 個

材料 Ingredient

法式鹹派皮

過篩的高筋麵粉100克
過篩的低筋麵粉100克
鹽適量、無鹽奶油100克
雞蛋1個（60克）、冰水30克

蛋奶液

雞蛋3個、鮮奶油150克
鮮奶150克、鹽和黑胡椒適量

餡料

無鹽奶油15克、橄欖油1大匙
洋蔥（切碎）1個
洋菇（切丁）100克
鹽和黑胡椒適量
披薩起司絲60克

做法 Method

◆ 製作法式鹹派皮麵團 ◆

1　參照p.21的做法1～3製作麵團，但此道材料中的雞蛋，需和冰水一起加入麵粉中，其餘做法相同。

2　從冰箱中取出鹹派皮麵團，取300克麵團放於室溫，等稍微軟化後，以擀麵棍擀成0.3～0.4公分厚的薄圓麵皮。用滾輪刀或小刀切割出比模型（8吋塔模）底部直徑大8公分的圓（圖❶）。

3　小心地拿起麵皮，平貼在塔模上，輕輕將麵皮與塔模貼平，特別是塔模底部的轉角處，修掉多餘的麵皮，再以叉子在麵皮底部刺些小孔（圖❷），然後放回冰箱冷藏鬆弛20～30分鐘以上。

◆ 進行盲烤（預烤、空烤）◆

4　以上下火180℃進行盲烤。因為盲烤好的派皮加入餡料和蛋奶液後會再入烤箱烘烤，所以盲烤時只要烤到淡金黃色、上色即可。假若盲烤時派皮出現裂縫，可利用之前剩餘的生派皮填補，再將1個雞蛋和少許鹽打散，以毛刷塗抹在半熟派皮表面（圖❸），然後把塗上薄薄一層蛋液的派皮放回烤箱續烤5～10分鐘（圖❹）。

8公分
❶

❷

❸

❹

◆ 製作蛋奶液 ◆

5　雞蛋打散，加入鮮奶油、鮮奶拌勻，以鹽、
　　黑胡椒調味，放回冰箱冷藏保存。

◆ 製作餡料 ◆

6　取一個小鍋，倒入奶油、橄欖油加熱，加入
　　洋蔥碎，以中小火炒3～5分鐘至香軟，再加
　　入洋菇丁拌炒至軟熟，最後加入鹽、黑胡椒
　　調味。

◆ 組合、完成 ◆

7　烤箱以上下火180℃預熱。

8　將盲烤好的派皮放在烤盤上，鋪上餡料（圖
　　❺），再鋪放披薩起司絲，淋上蛋奶液（圖
　　❻），移入烤箱烤20～30分鐘，至表面起司
　　絲微焦金黃，而且蛋奶液熟透即可取出，等
　　稍微放涼即可分切。

蛋奶液是鹹
派美味與否
的關鍵！

Tips 小訣竅

1　使用活動式模型，脫模時比較方便。若是只有
　　固定式的塔模，可先鋪墊上鋁箔紙，再放上派
　　皮，等盲烤完成後即可取下鋁箔紙。

2　傳統的法式鹹派皮除了冰水，還會加入雞蛋，
　　讓酥脆的派皮口感更加細緻，並且也增添蛋
　　香。經典的法式鹹派通常搭配洋蔥培根餡，不
　　過配上各式時菇或素肉，美味不減喔！

Tips **小訣竅**

1 這個派是自由形狀，因此不用模型，直接將派皮鋪
  放在淺底平鍋或烤盤上，放上七、八分熟的餡料
  後，再將派皮往中心聚攏。

2 白黴起司類很多，像卡門貝爾起司（Camembert）、
  布利起司（Brie）、巴拉卡起司（Baraka）等。

義 大 利 風 味

Fennel、Cheese and Olive Savory Quiche

茴香起司橄欖鹹派

份量 Serves
直徑 24 公分的派 1 個

材料 Ingredient

橄欖派皮
過篩的高筋麵粉100克
過篩的低筋麵粉100克
迷迭香1小束、鹽適量
橄欖油60克、冰水45克
黑橄欖（切圓片）6顆

蛋奶液
雞蛋1個、鮮奶油90克
鹽和黑胡椒適量

餡料
橄欖油1小匙
茴香或洋蔥（切丁）200克
馬鈴薯（去皮切丁）200克
鹽和黑胡椒適量
白黴起司100克
希臘菲塔起司（Feta）100克
黑橄欖（切對半）8顆

做法 Method

◆ **製作橄欖派皮麵團** ◆

1　參照p.21的做法1～3製作麵團，但此道材料中，必須先將高筋麵粉、低筋麵粉、迷迭香和鹽混合，並以橄欖油取代奶油，再加入橄欖片，其餘做法相同。

2　從冰箱中取出鹹派皮麵團，等稍微軟化後，以擀麵棍擀成直徑30公分、0.3～0.4公分厚的薄圓麵皮，鋪在淺底平鍋或烤盤上（圖❶）。

◆ **製作奶蛋液** ◆

3　將雞蛋、鮮奶油、鹽和黑胡椒混合均勻。

◆ **製作餡料** ◆

4　烤箱以上下火180℃預熱。將橄欖油、洋蔥丁、馬鈴薯丁、鹽和黑胡椒混合拌勻，放入烤皿中，移入烤箱烤10分鐘，約七、八分熟即可取出。

◆ **組合、完成** ◆

5　將餡料鋪在派皮上，派皮周邊需保留約3公分的留白，將起司剝成碎塊放在餡料上，再排上黑橄欖（圖❷）。

6　烤箱以上下火180℃預熱。將留白處的麵皮朝中間提捏成圍邊（圖❸），淋上蛋奶液（圖❹），放入烤箱烤約30分鐘至起司融化，餅皮金黃焦脆即可。

派皮和鍋子邊緣也要貼合

3公分留白

蛋奶液是鹹派美味與否的關鍵！

無國界風味

Areca Flower and Cheese Quiche

檳榔花起司鹹派

份量 Serves

直徑 10 吋（約 24 公分）的
派 1 個

材料 Ingredient

起司派皮

過篩的高筋麵粉75克
過篩的低筋麵粉75克
紅椒粉1小匙
切達起司屑（Cheddar）75克
鹽適量
無鹽奶油75克
冰水30～40克

起司白醬

奶油起司200克
雞蛋2個
鮮奶油150克
鹽和黑胡椒適量

餡料

無鹽奶油30克
蒜仁（切碎）1個
紅胡椒粒適量
檳榔花（切段）120克
鹽和黑胡椒適量
披薩起司絲60克

Tips 小訣竅

餡料也可改成像蘆筍、玉米筍、
筊白筍等其他蔬菜。

做法 Method

◆ **製作起司派皮麵團** ◆

1 參照p.21的做法1～3製作麵團，但此道材料中，必須將高筋麵粉、低筋麵粉、紅椒粉、切達起司屑和鹽先混合，其餘做法相同。

2 從冰箱中取出起司派皮麵團，取300克麵團放於室溫，等稍微軟化後，以擀麵棍擀成直徑30公分、0.3～0.4公分厚的薄圓麵皮。

3 取一個10吋的塔模，參照p.24的圖❶、圖❷，小心地拿起麵皮，平貼在模型上，輕輕將麵皮與模型貼平，特別是塔模底部的轉角處，修掉多餘的麵皮，再以叉子在麵皮底部刺些小孔，然後放回冰箱冷藏鬆弛20～30分鐘以上。

◆ **進行盲烤（預烤、空烤）** ◆

4 以上下火180℃進行盲烤。因為盲烤好的派皮加入餡料和起司白醬後會再入烤箱烘烤，所以盲烤時只要烤到淡金黃色、上色即可。

◆ **製作起司白醬** ◆

5 奶油起司先取出放半小時回溫，等軟化後先以打蛋器拌開，再依序加入雞蛋、鮮奶油拌勻，然後以鹽和黑胡椒調味。

◆ **製作餡料** ◆

6 取一個小鍋，放入奶油加熱融化，加入蒜碎、紅胡椒粒，以小火拌炒1～2分鐘，放入檳榔花拌炒1～2分鐘至熟軟。

◆ **組合、完成** ◆

7 烤箱以上下火180℃預熱。將盲烤好的派皮放在烤盤上，鋪上餡料，淋上起司醬，再鋪上披薩起司絲，移入烤箱烤20～30分鐘，至表面起司絲微焦金黃，而且起司白醬熟透即可取出，等稍微放涼即可分切。

Tips 小訣竅

1 較淺的固定模既方便又好操作，如果手邊的模型是活動式的，可以在模型內底部鋪上一層鋁箔紙，
  這樣焦糖蕃茄餡的汁液就不會外漏。
2 使用黃砂糖煮焦糖，食材上色比較快。

法國風味

Tomato TarteTatin
翻轉蕃茄塔

份量 Serves
直徑 10 吋（約 24 公分）的
塔 1 個

材料 Ingredient

菠菜派皮
過篩的高筋麵粉100克
過篩的低筋麵粉100克
鹽適量
無鹽奶油100克
菠菜榨汁75～80克

餡料
無鹽奶油20克
黃砂糖1大匙
小蕃茄（切對半）400克
蒜仁（切碎）1個
乾奧勒岡葉1/2小匙
白酒醋1大匙
鹽和黑胡椒適量
新鮮奧勒岡葉適量

做法 Method

◆ 製作菠菜派皮麵團 ◆

1 參照p.21的做法1～3製作麵團，但此道材料中，以菠菜榨汁取代
 冰水加入麵粉中，其餘做法相同。

◆ 製作餡料 ◆

2 取一個小鍋，放入奶油加熱融化，加入黃砂糖，以中大火將糖煮
 至褐黃焦糖色即可熄火，立刻放入小蕃茄、蒜碎、乾奧勒岡葉、
 白酒醋混勻，再以鹽和黑胡椒調味（圖❶）。

◆ 組合 ◆

3 取一個10吋固定式圓形烤模或平底鍋，在烤模底部塗上一層橄欖
 油或融化奶油（份量外），排上焦糖蕃茄餡（餡料）。

4 從冰箱中取出菠菜派皮麵團，等稍微軟化後，以擀麵棍擀成直徑
 25公分、0.3～4公分厚的圓麵皮，再將麵皮覆蓋在焦糖蕃茄餡上
 （圖❷），周圍多餘的麵皮往下塞入（圖❸、圖❹），以叉子在
 麵皮上刺幾個小孔，有助於烤焙時餡料熱氣散出（圖❺）。

◆ 烘烤、翻轉 ◆

5 烤箱以上下火200℃預熱。將蕃茄派移入烤箱烤20～30分鐘，至派
 皮表面金黃微焦即可取出，等3分鐘稍微放涼，以小刀將周邊派
 皮輕刮，使脫離模型，再將盤子覆蓋上模型，然後倒扣出來，最
 後裝飾些新鮮奧勒岡葉即可。

記得要
刺小孔

南 洋 風 味

Coconut and Pumpkin Pie
香椰南瓜派

份量 Serves
24 公分長 × 10 公分寬 × 2.5 公分高的
派 1 個

材料 Ingredient

無麩派皮
在來米粉130克
杏仁粉130克
鹽1/2小匙
椰子油3大匙
冰水45克

蛋奶液
雞蛋2個
椰奶100克
豆蔻粉1/2小匙
迷迭香葉1小匙
鹽和黑胡椒適量

餡料
南瓜（去皮去籽）約200克
現磨帕瑪森起司屑（Parmesan）適量

Tips 小訣竅

椰子油在常溫下是液態狀，秤量完
份量後可先放入冰箱冷藏，待冰硬
成固態狀，即可如奶油般使用。

做法 Method

◆ 製作無麩派皮麵團 ◆

1 參照p.21的做法1～3製作麵團，但此道材料中，必
須先將在來米粉、杏仁粉和鹽混合，並以椰子油取
代奶油，其餘做法相同。

2 從冰箱中取出無麩派皮麵團，放於室溫，等稍微軟
化後，以擀麵棍擀成約30公分長、15公分寬的長方
形麵皮。

3 取一個24公分×10公分×2.5公分的塔模，小心地
拿起麵皮，平貼在塔模上，輕輕將麵皮與塔模貼
平，特別是塔模底部的轉角處，修掉多餘麵皮，再
以叉子在麵皮的底部刺些小孔，然後放回冰箱冷藏
鬆弛20～30分鐘以上。

◆ 進行盲烤（預烤、空烤）◆

4 以上下火180℃進行盲烤。因為盲烤好的派皮加入
餡料和蛋奶液後會再入烤箱烘烤，所以盲烤時只要
烤到淡金黃色、上色即可。

◆ 製作蛋奶液 ◆

5 將雞蛋、椰奶、豆蔻粉、迷迭香葉和鹽、黑胡椒混
合均勻。

◆ 組合、完成 ◆

6 南瓜切成0.3公分厚的圓弧薄片，排在盲烤好的派皮
上，淋上蛋奶液，撒上帕瑪森起司屑。

7 烤箱以上下火180℃預熱。將派皮移入烤箱烤20～30
分鐘，至表面起司微焦金黃，而且蛋奶液熟透即可
取出，等稍微放涼即可分切。

土耳其風味

Mushroom Triangles
蘑菇三角酥

份量 Serves
10 個

材料 Ingredient

酥皮
薄酥皮（Filo，40×30公分）2張
融化無鹽奶油10克

餡料
橄欖油1/2大匙
洋蔥（切丁）60克
蘑菇（切丁）250克
鹽適量
乾百里香適量
現磨帕瑪森起司屑
（Parmesan）1/2大匙

做法 Method

◆ 製作餡料 ◆

1 取一個小鍋，倒入橄欖油加熱，加入洋蔥丁，以中小火炒2～3分鐘，再加入蘑菇丁繼續炒約10分鐘至金黃香軟，熄火，取出瀝去多餘湯汁，再加入鹽調味，然後加入乾百里香、帕瑪森起司屑拌勻。

◆ 組合 ◆

2 同時將2張薄脆酥皮切成5份長條（圖❶），以乾毛巾或保鮮膜覆蓋，以免薄酥皮變乾燥。

3 先取1份長條薄脆酥皮，塗上奶油，先將一端的麵皮一角，摺向對角線的麵皮另一側（圖❷），確認餡料放置的範圍後，掀起麵皮，將約2小匙餡料放在底部的麵皮（圖❸），覆蓋上麵皮，再以對角線朝相反一側麵皮摺（圖❹），重複此動作直到麵皮摺到盡頭，摺成一個三角形（圖❺）。

◆ 組合、烘烤 ◆

4 將所有餡料、薄脆酥皮重複做法3的動作完成，並在表面刷上奶油，麵皮的摺疊開口朝下，排在塗上油的烤盤上。

5 烤箱以上下火200℃預熱。將烤盤移入烤箱烤約15分鐘，至麵皮金黃酥脆即可。

將酥皮摺向對角，但不是整個壓下去，這裡是為了確認餡料的位置。

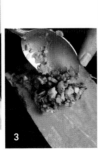

前進方向

包的時候，小心餡料不要掉出來。

希 臘 風 味

Olive Filo Sticks

橄欖酥皮捲

份量 Serves
10 個

材料 Ingredient

酥皮
薄脆酥皮8張（Filo，40×30公分）
融化無鹽奶油100克

餡料
希臘菲塔起司（Feta）150克
黑橄欖（切碎）75克
優格45克
雞蛋1個
乾辣椒碎適量
海鹽適量

做法 Method

◆ **製作餡料** ◆

1　將菲塔起司以廚房紙巾吸乾水分，剝碎，然後和黑橄欖碎、優格、雞蛋混合均勻，填裝入擠花袋中。

◆ **組合** ◆

2　取一張薄脆酥皮，塗上奶油，在靠較長（40公分）的這一側邊，擠上約0.5公分粗的餡料，注意麵皮兩端需各留白約1公分（圖❶），捲成長條狀（圖❷），然後將兩端壓緊，避免內餡外漏。

3　將包捲好餡料的酥皮捲排放在烤盤上，並扭曲成連續的S形（圖❸），重複此動作完成其餘的薄脆酥皮和餡料。

4　將所有酥皮捲放在烤盤上，塗上奶油（圖❹），再撒上些許乾辣椒碎與海鹽（圖❺）。

◆ **烘烤、完成** ◆

5　烤箱以上下火200℃預熱。將烤盤移入烤箱烤約20分鐘，至酥皮捲金黃酥脆即可。

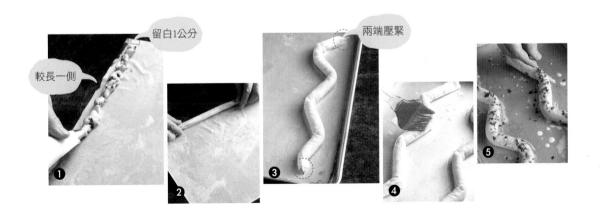

較長一側　　留白1公分　　兩端壓緊

❶　❷　❸　❹　❺

夏 威 夷 風 味

Sweetcorn and Pineapple Cheese Filo
玉米鳳梨起司酥

份量 Serves

直徑約 6 公分、2 公分高的塔 18 ～ 20 個

材料 Ingredient

塔皮

餛飩皮（10×10公分）40片

融化無鹽奶油100克

餡料

希臘菲塔起司（Feta）120克

甜玉米200克

新鮮鳳梨丁100克

雞蛋1個

鮮奶油15克

現磨帕瑪森起司屑（Parmesan）3大匙

大支紅辣椒（去籽切末）1支

芫荽葉末1大匙

鹽和黑胡椒適量

做法 Method

◆ **製作餡料** ◆

1　菲塔起司剁碎，和甜玉米、鳳梨丁、雞蛋、鮮奶油、帕瑪森起司屑、紅辣椒末和芫荽葉末混合均勻，再以鹽、黑胡椒調味。

◆ **組合** ◆

2　取20個直徑約6公分、2公分高的馬芬蛋糕模型，將奶油塗刷在模型內。

3　先放一片餛飩皮，再塗上奶油，然後再放上一張餛飩皮，再塗上奶油。

4　將2大匙的餡料鋪放在餛飩皮上，抹平表面，重複此動作完成其餘的餛飩皮和餡料。

◆ **完成** ◆

5　烤箱以上下火190℃預熱。將包好的起司塔放入烤箱烤約15分鐘，至餛飩皮金黃酥脆，表面可以裝飾新鮮香菜葉與紅甜椒即可。

Tips 小訣竅

薄酥皮（Filo或Fillo）是以非漂白麵粉、蔬菜油、鹽製作，不含反式脂肪、飽和脂肪及膽固醇，熱量較低，口感和香氣與傳統酥皮一樣好，是取代傳統派皮的健康選擇。但是酥皮在一般市面上較不易見，少數的烘焙食品原料行或進口商有售，讀者不妨上網搜尋，或是以餛飩皮、春捲皮替代，也有不一樣的口感和風味。

義 大 利 風 味

Spinach and Sweet Pepper Parcels

菠菜紅椒福袋酥

份量 Serves

4 個

材料 Ingredient

酥皮

春捲皮5張

餡料

紅甜椒100克

新鮮菠菜葉400克

橄欖油1大匙

無鹽奶油1大匙

洋蔥（切丁）1/2個

豆蔻粉1小撮

瑞可塔起司（Ricotta）150克

雞蛋1個

現刨帕瑪森起司（Parmesan）30克

鮮奶油100克

鹽和黑胡椒適量

做法 Method

◆ 製作餡料 ◆

1 將紅甜椒放在爐火上，把外皮燒黑（圖❶），等30
秒稍微涼後，放入塑膠袋中密封悶著，約10分鐘後取
出，放在水龍頭下面沖水，邊撕除焦黑的外皮（圖
❷），然後剝開，去籽切丁。

2 菠菜葉放入沸水中煮1～2分鐘，取出瀝乾水分，稍微
放涼後再將多餘水分擠出，放在紙巾上繼續吸水，約
可取得200克菠菜。

3 取一個小鍋，倒入橄欖油、奶油加熱，加入洋蔥丁，
以中小火炒3～5分鐘至香軟，再加入紅甜椒丁、菠菜
拌炒，熄火，取出瀝去多餘湯汁，再加入豆蔻粉、瑞
可塔起司、雞蛋、帕瑪森起司和鮮奶油拌勻，以鹽、
黑胡椒調味。

下一頁還有
步驟圖喔！

Tips 小訣竅

烤過後去皮的甜椒可以當配菜、
沙拉或醃漬，非常美味！直接
以直火將外皮燒得焦黑，再去除
較快速，甜椒肉也能保持口感與
水分。另一做法是將甜椒放入烤
箱，烤至外皮焦軟，但時間較久
且果肉會較軟爛。

4　取一張春捲皮裁成4小張直徑8公分小圓形。取另一張完整的春捲皮，套在杯子上，塗上橄欖油（圖❸），再覆蓋一張小圓形麵皮（圖❹），繼續在小圓麵皮上塗油。

5　取1/4量的餡料鋪放在麵皮中央（圖❺），將春捲皮周邊朝上拉起，往中心聚集，並扭結成包袱形狀（圖❻），在包袱表面再塗刷些橄欖油（圖❼），重複此動作完成其餘的春捲皮和餡料。

◆ 烘烤、完成 ◆

6　烤箱以上下火190℃預熱。烤盤上先鋪一張烤盤紙，再刷上些許橄欖油，排放好福袋酥，移入烤箱烤20～30分鐘，或至麵皮金黃酥脆即可。

❸

❹

❺

Tips 小訣竅

也可先裁切鋁箔紙鋪墊在容器中，再放上春捲皮並填餡，完成後提起鋁箔紙離開容器，再排在烤盤上入烤箱烘烤，等烤至表面金黃時，再小心移開鋁箔紙，將鋁箔紙輕覆在福袋酥上，繼續烤焙至福袋酥側邊也金黃上色即可。

把春捲皮拉起，朝中間聚集。

6

7

Part 2

披薩 & 餅

Pizza & Mixed Bread

披薩，是最受歡迎的料理之一，
只要選對新鮮食材，佐以美味醬汁，
放入烤箱，10 分鐘內就能完成！
再加上各國烤餅、煎餅、可麗餅、夾餅和鍋餅，
在家營造異國風餐桌。

義 大 利 風 味

Margherita Pizza

經典瑪格麗特披薩

份量 Serves
9 吋圓形披薩 1 個

材料 Ingredient

麵團
乾酵母粉1小匙（3克）
微溫開水（約22℃）350克
過篩的高筋麵粉500克
鹽2小匙
特級橄欖油45克

醬汁＆餡料
罐頭蕃茄粒，捏碎濾除汁液45克
新鮮莫札瑞拉起司（Mozzarella）
60克，撕成6塊
九層塔葉6片
九層塔葉（裝飾）數片

其他
特級橄欖油適量
鹽適量
黑胡椒適量

Tips 小訣竅

在做法4塗抹蕃茄粒碎時，必須和
披薩麵皮周圍保留約2公分的空白
不塗抹。

做法 Method

◆ **製作披薩麵團** ◆

1　乾酵母粉加入微溫開水中攪拌溶解。將高筋麵粉、鹽混合後堆放在工作檯或大碗盆中，使成山狀，並在中心處挖一個凹洞（一口井），倒入酵母水，以手將水和麵粉攪拌混合，加入橄欖油拌勻成團，再繼續揉整5～6分鐘，至麵團表面光滑。（圖**❶**）

2　取一圓盆或大碗，內部抹少許沙拉油，將麵團放於其中，蓋上乾淨的濕毛巾或保鮮膜，置於溫暖處發酵。

3　等麵團膨脹至約兩倍大小，開始整型。先將麵團分成180克的麵團5等份，取一份麵團擀成約24公分長、0.3公分厚的圓形麵皮。將麵皮移至烤盤紙上，以叉子在麵皮上刺些氣孔（圖**❷**），靜置鬆弛約15分鐘。

下一頁還有
步驟圖喔！

以叉子
刺些小孔

◆ 組成 ◆

4 當麵皮鬆弛完成，將蕃茄粒放在麵皮中央，以湯匙背從麵皮中心，以繞圓方式
　將蕃茄粒碎均勻地塗抹在麵皮上。（圖❸）

5 將九層塔葉平均鋪排在醬汁上（圖❹），再放上莫札瑞拉起司塊（圖❺），淋
　上些許橄欖油（圖❻），撒上鹽、黑胡椒調味即可。

◆ 烘烤 ◆

6 烤箱以上下火250℃預熱。將披薩移至預熱好的烤箱中烤5～10分鐘，或者至披薩
　餅皮金黃香脆即可取出，最後放上九層塔葉裝飾即可。

湯匙以繞圓
的方式塗抹

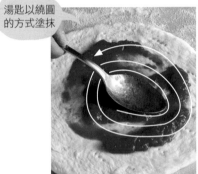

完成囉！

義大利風味

Green Soybean Bonata

毛豆泥披薩捲

材料、步驟圖
在下一頁喔！

Green Soybean Bonata

毛豆泥披薩捲

份量 Serves
直徑約 6 公分、約 30 公分長棒狀 1 條

材料 Ingredient

麵團
披薩麵團360克
高筋麵粉或小麥粉（手粉）適量

餡料
毛豆150克
馬斯卡彭起司（Mascarpone）50克
鹽和黑胡椒適量

做法 Method

◆ 製作餡料 ◆

1 準備一鍋水煮開，放入毛豆煮3～5分鐘，取出稍微放涼，放入食物處理機中攪打成泥狀。然後取出和馬斯卡彭起司拌勻，以鹽和黑胡椒調味。

◆ 處理麵團 ◆

2 披薩麵團參照p.47的做法1～3，完成披薩麵團，此道披薩捲取一份360克的麵團來操作，其餘未使用到的麵團，可以放入冰箱冷凍。

3 工作檯表面撒些許高筋麵粉，以雙手推展或用擀麵棍將麵團擀成30×20公分、約0.3公分厚的長方形麵皮，將麵皮移至烤盤紙上，靜置約15分鐘鬆弛。

◆ 組合 ◆

4 將鬆弛好的麵皮連同烤盤移至工作檯上，30公分這一側朝向自己，將餡料塗抹在麵皮上（圖❶），除了靠自己這側的麵皮和餡料貼齊外，其他三側餡料和麵皮四周都保持約2公分的距離不抹（圖❷）。

30公分的一側

這裡的餡料貼齊麵皮底

虛線的三邊留白2公分

5 以雙手搓捲麵皮朝外捲起（圖❸）。當推捲
　至留白的麵皮處時，將麵皮末端提起，朝向
　自己反向覆蓋住麵捲（圖❹），將麵皮和麵
　捲的接縫處以手指捏緊密合（圖❺）。

6 再將麵捲兩側沒有餡料的留白處，分別朝向
　中間摺捲密封，麵捲的封合處朝向烤盤放
　置，再以橄欖油塗刷在麵捲表面，這樣可以
　避免麵捲表皮裂開。

◆ 烘烤 ◆

7 烤箱以上下火200℃預熱。以叉子在麵捲表面
　刺些小孔，讓烤焙時麵捲內的熱氣能釋出，
　然後將麵捲移至預熱好的烤箱中烤約15分
　鐘，或至麵皮金黃焦脆，取出放涼，再分切
　成斜厚片食用。

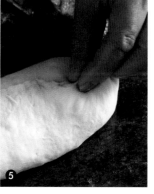

Tips 小訣竅

在義大利西西里，「Bonata」是指包餡捲起的
麵包，它的經典口味雖然是香腸肉餡，但我
們可以將它替換成蔬菜泥（南瓜、豆類）或
蔬菜丁（菠菜、菇類），就成了披薩麵團的
另一種創意變化。

希 臘 風 味

Feta Cheese and Zucchini Pizza
菲塔起司櫛瓜披薩

份量 Serves
9 吋圓形披薩 1 個

材料 Ingredient

麵團
披薩麵團180克
高筋麵粉或小麥粉（手粉）適量

餡料
櫛瓜50克
薄荷葉切碎2片
特級橄欖油適量
鹽和黑胡椒適量
九層塔葉（切絲）適量
莫札瑞拉起司絲（Mozzarella）90克
希臘菲塔起司（Feta，最好是水泡的）30克
黑橄欖（每顆切4片）3顆
大支紅辣椒（去籽切小段）1支
現刨帕瑪森起司（Parmesan）適量
乾燥奧勒岡適量
檸檬1/2個

做法 Method

◆ **製作餡料** ◆

1　櫛瓜切約0.3公分厚的薄片，放入容器中，加入薄荷葉絲，淋上橄欖油，以鹽、黑胡椒調味，然後整個放入燒熱的平底煎鍋或鑄鐵直紋煎鍋中，煎至兩面稍微焦黃上色或產生焦紋，瀝掉多餘的油。

◆ **處理麵團、製作披薩** ◆

2　披薩麵團參照p.47的做法1～3，完成披薩麵團，此道披薩取一份180克的麵團來操作，其餘未使用到的麵團，可以放入冰箱冷凍。

3　取出鬆弛完成的麵皮，在麵皮上塗抹適量的橄欖油，撒上九層塔葉絲，再放上莫札瑞拉起司絲。

◆ **組合** ◆

4　烤箱以上下火250℃預熱。將披薩移至預熱好的烤箱中烤約7分鐘，取出披薩，鋪上櫛瓜片，將披薩轉180度再送回烤箱，繼續烤約5分鐘，或至披薩餅皮金黃香脆、起司冒泡即可取出。

◆ **烘烤、完成** ◆

5　將烤好的披薩分切，放上弄碎的菲塔起司、黑橄欖片和紅辣椒段，最後刨些許帕瑪森起司，撒上奧勒岡與辣椒籽和辣椒段，淋上些許橄欖油，食用時再擠入新鮮檸檬汁即可。

Tips 小訣竅

現磨的帕瑪森起司香氣濃郁，不過如果你覺得麻煩，可以先磨好，放入密封的容器中保存，欲使用時便可直接操作。

義大利風味

Pumpkin and King Oyster MushroomCalzone

南瓜杏鮑菇半月餃

份量 Serves
9 吋半月形餃 1 個

材料 Ingredient

麵團
披薩麵團180克
高筋麵粉或小麥粉（手粉）適量

餡料
南瓜（去皮去籽後切塊）100克
杏鮑菇50克
特級橄欖油適量
鹽和黑胡椒適量
新鮮莫札瑞拉起司（Mozzarella）50克
市售或自製青醬2大匙

做法 Method

◆ 處理麵團 ◆

1 披薩麵團參照p.47的做法1～3，完成披薩麵團，此道半月餃取一份180克的麵團來操作，其餘未使用到的麵團，可以放入冰箱冷凍。

◆ 處理餡料 ◆

2 南瓜和杏鮑菇都切成約2公分的粗丁；莫札瑞拉起司剝塊狀；如果想自己做青醬的話，可參照p.85的做法；烤箱以上下火180℃預熱。

3 取一個烤盤，底部先刷上少許橄欖油，排上南瓜塊、杏鮑菇，撒上鹽和黑胡椒，淋上些許橄欖油，放入預熱好的烤箱中烤20～30分鐘至食材香軟，取出稍微放涼。

4 將南瓜塊、杏鮑菇混合鋪放在麵皮的半邊，放上莫札瑞拉起司，周圍須保持2公分留白，淋上青醬，再將另一半側麵皮提起，對摺蓋住餡料，使成一半月狀餃子，然後將側邊上下麵皮以叉子壓緊密合，並以叉子在麵皮上刺3～5排小孔。

5 烤箱以上下火250℃預熱。將半月餃移至烤箱中下層，以免餅皮太接近烤箱上方熱源而烤焦，烤5～10分鐘或至半月餃餅皮金黃香脆即可。

Tips 小訣竅

在麵皮上刺些小孔，可避免烤焙時餡料的熱氣往上衝，使麵皮隆起。

墨西哥風味

Blue Cheese and Avocado Pizza
藍黴起司酪梨披薩

份量 Serves
9 吋圓形披薩 1 個

材料 Ingredient

麵團
披薩麵團180克
高筋麵粉或小麥粉（手粉）適量

餡料
酪梨果肉90克
橄欖油適量
小蕃茄（切對半）6顆
藍黴起司（剝碎塊）30克
乾辣椒片（切碎）適量
鹽和黑胡椒適量
玉米脆片2杯
黑橄欖（切圓片）3顆
莫札瑞拉起司絲60克

做法 Method

◆ **處理麵團** ◆

1　披薩麵團參照p.47的做法1～3，完成披薩麵團，此道披薩取一份180克的麵團來操作，其餘未使用到的麵團，可以放入冰箱冷凍。

◆ **處理餡料** ◆

2　酪梨果肉以湯匙背壓成泥，拌入少許橄欖油，讓果肉泥比較滑順。

◆ **組成與烘烤** ◆

3　當麵皮鬆弛完成，將酪梨泥放在麵皮中央，以湯匙背從麵皮中心，以繞圓方式將酪梨泥均勻塗抹在麵皮上（可參照p.48的做法4），然後依序放上小蕃茄、藍黴起司和乾辣椒碎，以鹽和黑胡椒調味。

4　接著把玉米脆片堆放在中央，撒上黑橄欖片，最後鋪放上莫札瑞拉起司絲。

5　烤箱上下火250℃預熱。將披薩移至預熱好的烤箱中烤5～10分鐘，或者至披薩餅皮金黃香脆即可取出。

Tips **小訣竅**

義大利披薩的基底一般是以蕃茄（紅）或橄欖油、起司（白）為主，而不同風味與顏色的蔬菜泥，能為披薩帶來不同的風味。

中東風味

Grilled Asparagus and Mushroom Pitta
烤蘆筍時菇鑲口袋餅

份量 Serves
15×8 公分長橢圓型口袋餅 4 個

材料 Ingredient

麵團
披薩麵團360克
高筋麵粉或小麥粉（手粉）適量

餡料
蘆筍100克
時菇100克
橄欖油適量
百里香葉末1小匙
義大利烏醋適量
鹽和黑胡椒適量
生菜適量
現刨帕瑪森起司（Parmesan）適量
新鮮香草適量

Tips 小訣竅
等口袋麵包稍微放涼之後，即可準備做三明治，尚未立刻使用的，可以裝在密封保鮮盒、密封袋中，放入冰箱冷凍保存。

做法 Method

◆ **處理麵團** ◆

1 披薩麵團參照p.47的做法1～3，完成披薩麵團，此道口袋餅取一份360克的麵團來操作，其餘未使用到的麵團，可以放入冰箱冷凍。

2 工作檯表面撒些許高筋麵粉，將麵團均分成4等份，先將麵團搓整成橄欖形狀（圖❶），放在烤盤上，蓋上濕毛巾，靜置約15分鐘鬆弛。

3 將麵團揮開成約15公分長、8公分寬的橢圓形（圖❷），再放回烤盤上靜置約15分鐘鬆弛。

◆ **製作餡料** ◆

4 蘆筍削去下端粗硬的外皮，切成長段。在烤盤上抹上些許橄欖油，再排上蘆筍、時菇，撒上百里香葉末，淋上義大利烏醋，最後撒上鹽和黑胡椒調味。

◆ **烘烤、組合** ◆

5 烤箱以上下火200℃預熱。將烤盤移至預熱好的烤箱中烤約15分鐘或至蔬菜軟熟，取出。

6 烤箱以上下火220℃預熱。將鬆弛好的麵餅移至預熱好的烤箱中烤5～10分鐘，或烤至餅皮膨脹，但不要烤上色，取出放涼。

7 將麵包對半切開，放入生菜、烤蘆筍時菇，撒上現刨帕瑪森起司，裝飾新鮮香草即可。

義大利風味

Rosemary Foccaccia
迷迭香佛卡夏麵包

份量 Serves
約 35×25 公分長方型麵包 1 個

材料 Ingredient

麵團
披薩麵團720克
高筋麵粉或小麥粉（手粉）適量

頂料
橄欖油2大匙
蒜仁（切片）1個
新鮮迷迭香葉1束
紅胡椒粒1/2小匙
海鹽適量

Tips 小訣竅

製作這個麵包，你可以選擇8或10吋的圓烤模或其他形狀的烤模，也可直接在烤盤上擀成自己喜歡的厚薄。此外，除了最經典的迷迭香風味，也可換成其他喜歡的香草，或搭配橄欖、醃漬蕃茄乾、酸豆等地中海食材。

做法 Method

◆ **製作麵團** ◆

1 披薩麵團參照p.47的做法1～3，完成披薩麵團，此道麵包取一份720克的麵團來操作，其餘未使用到的麵團，可以放入冰箱冷凍。

2 取一個約35×X25公分長方型烤盤，底部抹上1大匙橄欖油，將發酵完成的麵團移至烤盤中，以手將麵團推展覆蓋住整個烤盤（圖❶），靜置約15分鐘鬆弛。

◆ **處理頂料** ◆

3 取一個小鍋，倒入1大匙橄欖油加熱，放入蒜片，以小火煎至金黃微焦後先取出。迷迭香摘成約2公分數小段，和紅胡椒粒一起放入鍋中，以小火加熱2～3分鐘，讓香草料的風味融入橄欖油中，熄火。

4 以指腹將麵團表面按壓些酒窩狀的凹洞（圖❷），將迷迭香、紅胡椒粒和蒜片，連同橄欖油淋在麵團表面（圖❸），再撒上海鹽。

◆ **烘烤** ◆

5 烤箱以上下火200℃預熱。將麵包移至預熱好的烤箱中烤20～30分鐘，烤至表面和底部都金黃焦脆即可。

義大利風味

Dual flavor Pan Bread
雙醬鍋餅

份量 Serves
直徑 15 公分圓餅 4 個

材料 Ingredient

鍋餅麵團
過篩的高筋麵粉110克
過篩的低筋麵粉110克
泡打粉2小匙
熱開水75克
冷開水75克
新鮮洋香菜葉末2大匙
現磨帕瑪森起司屑（Parmesan）30克
橄欖油2大匙
高筋麵粉（手粉）適量

餡料
市售青醬1大匙
蕃茄糊1大匙

做法 Method

◆ 製作鍋餅麵團、整型 ◆

1 將高筋麵粉、低筋麵粉和泡打粉過篩混合後放在工作檯或大碗盆中，將熱、冷開水先混合，加入麵粉中攪拌混合，繼續揉整成團。將麵團覆蓋上保鮮膜或乾淨的濕布，靜置15分鐘鬆弛。

2 在工作檯表面和擀麵棍都撒上適量高筋麵粉，將麵團分成4等份，先取一份麵團壓扁，再擀成直徑約20公分的圓薄麵皮。

3 加上1/2大匙青醬，以湯匙背抹開（圖❶），周圍須保持約2公分留白，然後捲成長條捲（圖❷），剩下的麵團也依此步驟擀開，改成塗抹蕃茄糊（圖❸）、捲成長條捲（圖❹）。

> 下一頁還有步驟圖喔！

Tips 小訣竅

1 如果想自製青醬的話，可參照p.85的做法。

2 麵皮擀開抹餡料捲起後，可蓋上保鮮膜或布巾鬆弛約15分鐘，再輕柔的擀開，以免夾餡爆漿。

湯匙以繞圓的方式塗抹

周圍留白2公分

4 將長條捲盤成螺旋狀（圖**⑤**），再壓成圓餅（圖**⑥**），並將收口處朝下，擀成直徑約20公分的圓麵皮（圖**⑦**）。

◆ **油煎、完成** ◆

5 取一個平底煎鍋，倒入1大匙橄欖油加熱，放入麵皮，以中火煎約3分鐘，或至金黃酥脆，再翻到另一面也煎好。取出放在廚房紙巾上，吸掉多餘油分，稍微放涼後分切食用。

擀的時候不可太用力，以免餡料爆出。

完成囉！

小心壓，避免餡料壓出。

墨 西 哥 風 味

Mexican style okra pancakes

墨西哥風秋葵煎餅

份量 Serves
直徑 15 公分圓餅 2 個

材料 Ingredient

麵團
秋葵8支、紅甜椒1/2個
黑橄欖8顆、大支紅辣椒1支
罐頭玉米粒1/4杯、過篩的低筋麵粉75克
雞蛋1個、鮮奶75克
鹽和黑胡椒適量、橄欖油適量

做法 Method

◆ **處理食材** ◆

1 秋葵切約0.5公分寬的小段;甜椒切約1公分的小丁;黑橄欖切小圓片;紅辣椒去籽切末。

2 準備一鍋水煮開,放入秋葵和紅甜椒汆燙約30秒,取出泡冰水可保持色澤,瀝乾水分。

◆ **製作麵糊** ◆

3 將玉米粒、低筋麵粉、雞蛋、鮮奶放入果汁機或食物處理機中攪打均勻,攪打至麵糊稍濃稠但仍可流動,如果太稠、太稀,都可酌量加鮮奶或麵粉調整。

4 將所有蔬菜食材加入麵糊中混合均勻,再以鹽、黑胡椒調味。

◆ **煎餅、完成** ◆

5 取一個平底煎鍋,倒入橄欖油加熱,倒入1杯麵糊在鍋子中央,讓麵糊流動攤平,以中火煎至餅兩面呈金黃,取出放在廚房紙巾上,吸掉多餘油分,依此完成剩餘麵糊即可。

墨 西 哥 風 味

Tortillas with Sun – Side – up Egg
墨西哥餅佐太陽蛋

份量 Serves

直徑 15 公分圓餅 6 份

材料 Ingredient

墨西哥餅皮

過篩的高筋麵粉110克
過篩的低筋麵粉110克
鹽1/2小匙
無鹽奶油50克
冷開水110克
高筋麵粉（手粉）適量

蕃茄莎莎

牛蕃茄300克
洋蔥丁2大匙
新鮮芫荽葉末2大匙
大支辣椒1支
蒜仁（切末）1瓣
檸檬（榨汁）1個
小茴香粉1/2小匙
鹽和黑胡椒1/2小匙

配料

雞蛋6個
剝皮辣椒（切長條）6支
新鮮芫荽葉適量

做法 Method

◆ **製作蕃茄沙沙** ◆

1 牛蕃茄去皮、去籽後切丁，再和其他所有材料混合均勻，蓋上蓋子或包上保鮮膜，放入冰箱冷藏30分鐘以上至入味。

◆ **製作墨西哥餅皮麵團** ◆

2 將高筋麵粉、低筋麵粉混合後堆放在工作檯或大碗盆中，加入鹽拌勻。將奶油從冰箱冷藏取出，迅速切成小丁，放入麵粉中，以手指尖迅速和粉類混合拌勻成約黃豆般大小的麵粉塊。

3 在麵粉塊中心處挖一個凹洞（一口井），以手或叉子將麵粉和水攪拌混合成團。若麵團太乾，可酌量加些冰水，太濕就加些麵粉。繼續揉整麵團約1分鐘，至麵團質地平順、光滑，不要揉整過度，覆蓋上保鮮膜或乾淨的濕布，靜置於室溫10分鐘鬆弛。

4 取少許高筋麵粉撒在工作檯上，將麵團分成6等份，先取一份麵團壓扁成圓餅，以擀麵棍擀成直徑約15公分、0.5公分厚的圓薄麵皮。

◆ **煎太陽蛋、完成** ◆

5 將平底煎鍋加熱，小心地將麵皮移至煎鍋以中火乾煎，每一面避免煎超過15秒，以免焦黃上色。

6 平底煎鍋倒入少許橄欖油加熱，放入雞蛋煎熟，或移入預熱180℃的烤箱煎烤成太陽蛋。

7 最後在餅皮上鋪些蕃茄莎莎，再放上煎太陽蛋、剝皮辣椒、新鮮芫荽葉即可。

無 國 界 風 味

Curry Blinis with Avocado and Mango Salsa

咖哩鬆餅佐酪梨芒果莎莎

份量 Serves
直徑約 10 公分圓餅 8 個

材料 Ingredient

咖哩鬆餅
鮮奶250克
乾酵母粉1小匙
細砂糖2小匙
過篩的低筋麵粉75克
咖哩粉1大匙
雞蛋（蛋黃和蛋白分開）1個
鹽1小撮
沙拉油適量

酪梨芒果莎莎
酪梨果肉200克
芒果果肉300克
檸檬汁1大匙
芫荽葉末1大匙
大支紅辣椒（去籽切末）1支
鹽適量
塔巴斯可辣醬（Tabasco）適量

做法 Method

◆ **製作酪梨芒果莎莎** ◆

1 將酪梨、芒果果肉切1公分的小丁，和其他食材混合拌勻，最後以鹽、塔巴斯可辣醬調味，蓋上蓋子或保鮮膜，放入冰箱冷藏30分鐘以上至入味。

◆ **製作咖哩鬆餅** ◆

2 鮮奶加熱至體溫溫度，和乾酵母粉、細砂糖先攪拌均勻，再加入低筋麵粉、咖哩粉、蛋黃、鹽拌勻，覆蓋上保鮮膜或乾淨的濕布，靜置於室溫發酵約30分鐘。

3 將蛋白打發至濕性發泡（參照p.121），以橡皮刮刀輕柔地將蛋白霜和麵糊拌勻成麵糊。

4 取一個平底煎鍋，倒入少許沙拉油（份量外）加熱，倒入適量麵糊，製作約直徑10公分的圓煎餅，以中小火每面煎約2～3分鐘至金黃，約可製作8個圓鬆餅。

◆ **完成** ◆

5 將咖哩鬆餅搭配酪梨芒果莎莎食用。

Tips 小訣竅

1 濕性發泡的蛋白霜介紹和操作，可參照p.121的小訣竅。
2 「Blinis」是來自俄羅斯的點心，通常做成直徑4～5公分的小圓餅，最常搭配當地的特產魚子醬，我嘗試將它和熱帶風味的莎莎醬結合，你也可捨去咖哩粉和鹽，添加少許糖，再搭配甜味抹醬或內餡，就成了香甜小茶點。

印度風味

Stuffed Parathas
印度馬鈴薯煎餅

份量 Serves
15 公分圓餅 7 個

材料 Ingredient

餅皮
過篩的高筋麵粉100克
過篩的低筋麵粉100克
鹽1/2小匙
植物油1大匙
溫水（約40℃）150克
高筋麵粉（手粉）適量

餡料
帶皮馬鈴薯100克
植物油1大匙
芥末籽1/8小匙
洋蔥（切碎）1/4個
薑黃粉或咖哩粉1小撮
鹽適量

做法 Method

◆ **製作餅皮麵團** ◆

1 將高筋麵粉、中筋麵粉混合後堆放在工作檯或大碗盆中，加入鹽混合，堆成小山狀，並在中心處挖一個凹洞，放入植物油、溫水，以叉子攪拌混合成團。若麵團太乾，可酌量加些水，太濕就加些麵粉。

2 繼續揉整麵團約5分鐘，至麵團質地平順有彈性、表面平滑，將麵團放入已抹上些植物油的容器中，再覆蓋上保鮮膜或乾淨的濕布，靜置於室溫30分鐘鬆弛。

◆ **製作餡料** ◆

3 馬鈴薯帶皮蒸15～20分鐘至熟，等稍微放涼，去除外皮後搗壓成泥狀。

4 取一個鍋子，倒入植物油加熱，加入芥末籽後蓋上鍋蓋輕搖鍋子，等芥末籽開始爆跳，加入洋蔥碎拌炒約1分鐘，然後加入薑黃粉拌勻，再加入馬鈴薯泥拌炒1～2分鐘。當馬鈴薯泥餡不沾黏鍋壁即可熄火（圖❶），加入鹽調味，放涼。

◆ **整型** ◆

5 取少許高筋麵粉撒在工作檯上，將麵團分成7等份，先取一份麵團壓扁成圓餅，以擀麵棍擀成直徑約15公分的圓薄麵皮。

6 加上1小匙馬鈴薯餡，以湯匙背抹開，周圍須保持約2公分留白，然後捲成長條捲，剩下的麵團也依此步驟擀開，捲起。

7 將長條捲盤成螺旋狀，再壓成圓餅，並將收口處朝下，擀成直徑約15公分的圓麵皮（做法6～7的操作方法可參照p.63）。

◆ **油煎、完成** ◆

8 取一個平底煎鍋，倒入植物油加熱，放入麵皮，以中火煎2～3分鐘，或至金黃酥脆，再翻到另一面也煎好。取出放在廚房紙巾上，吸掉多餘油分，待稍涼後分切食用。

土耳其風味

Gozleme / Dubbed Turkish Crepes
土耳其菠菜夾餅

份量 Serves

4 份

材料 Ingredient

餅皮

溫開水（22℃）110克

乾酵母粉1小匙

細砂糖1/2小匙

過篩的高筋麵粉110克

過篩的低筋麵粉110克

鹽1小匙

高筋麵粉（手粉）適量

餡料

菠菜碎30克

希臘菲塔起司（剝成小碎塊）100克

烤過的松子15克

鹽和黑胡椒適量

橄欖油3大匙

做法 Method

◆ 製作餅皮麵團 ◆

1 乾酵母粉、細砂糖加入溫開水中攪拌溶解，靜置15分鐘。將高筋麵粉、低筋麵粉和鹽混合後堆放在工作檯或大碗盆中，堆成山狀，並在中心處挖一個凹洞（一口井）。

2 將酵母水倒入凹洞中，以手將水和麵粉攪拌混合，再繼續揉整5分鐘，至麵團表面光滑平整，將麵團放入已抹上些植物油的容器中，再覆蓋上保鮮膜或乾淨的濕布，靜置於室溫發酵1～2小時，或麵團膨脹成2倍大小。

3 取少許高筋麵粉撒在工作檯上，將麵團分成4等份，先取一份麵團壓成圓餅，以擀麵棍擀成直徑約15公分、0.5公分厚的圓薄麵皮。

◆ 製作餡料 ◆

4 將菠菜碎、菲塔起司碎、松子混合，以鹽和黑胡椒調味。

◆ 組合 ◆

5 先取一片餅皮，塗上橄欖油再對摺，將1/4量的餡料鋪在麵皮的1/4圓的範圍（圖❶），周圍須保持約1公分留白，再將另一半側麵皮提起再對摺，覆蓋成1/4個圓（圖❷），重複此動作完成所有麵皮和餡料，放在已塗抹橄欖油的烤盤上。

◆ 烘烤、完成 ◆

6 烤箱以上下火200～250℃預熱，將烤盤移入烤箱中，烤至麵皮微焦即可。

Tips 小訣竅

在土耳其的戶外市場隨處可見這種夾餡的煎餅，吃的時候，擠上檸檬汁和搭配優格飲料更美味。

1/4圓的範圍

1

2

印度風味

Baked Garlic Naan
印度香蒜烤餅

份量 Serves
8 個

材料 Ingredient

乾酵母粉2小匙
細砂糖2小匙
溫鮮奶（40℃）300克
過篩的高筋麵粉220克
過篩的低筋麵粉220克
泡打粉1/2小匙
鹽1/2小匙
蒜末100克
雞蛋（打散）1個
植物油2大匙
優格180克
高筋麵粉（手粉）適量

做法 Method

◆ **製作麵團、整型** ◆

1　將乾酵母粉、細砂糖加入溫鮮奶中攪拌溶解，靜置15分鐘，再將高筋麵粉、低筋麵粉和泡打粉混合過篩在工作檯上或鋼盆、大碗中，加入鹽混合，堆成小山狀。

2　在中心處挖一個凹洞（挖一口井），將鮮奶酵母混合液、50克蒜末、雞蛋、植物油、優格放入凹洞中，以叉子攪拌混合成團。若麵團太乾，可酌量加些鮮奶，太濕就加些麵粉。

3　取少許高筋麵粉撒在工作檯上，繼續揉整麵團約5分鐘，至麵團質地平順有彈性、表面平滑，將麵團放入已抹上些植物油的容器中，再覆蓋上保鮮膜或乾淨的濕布，靜置於室溫發酵約1～2小時，或麵團膨脹成2倍大。

4　取少許高筋麵粉撒在工作檯上，將麵團分成8等份，先取一份麵團壓扁，以擀麵棍擀成約15公分長的橢圓或淚滴狀（圖❶），並將剩下的蒜末撒在麵皮上，以手指將蒜末稍壓嵌於麵皮上（圖❷）。

◆ **烘烤、完成** ◆

5　烤箱以上下火200℃預熱。將烤盤移入烤箱中烤5～10分鐘，或至周邊餅皮與部分表面微焦黃，取出趁熱食用。

Tips 小訣竅

1　酵母的活化溫度在22～43℃。

2　如果不加蒜末的話，就是原味烤餅，當然你也可以添加不同香料、香草，自己就能變化出不同風味的烤餅。

3　烤餅是最有名的印度風味餅，傳統上是貼在印度坦都里（Tandoori）烤爐的內部爐壁上烘烤。

15公分

❶

❷

法 國 風 味

Shitake Mushroom and Water Bamboo Crepes
香菇美人腿可麗餅

份量 Serves
6 小張或 3 大張餅

材料 Ingredient

可麗餅
過篩的低筋麵粉125克
鹽適量
細砂糖1/2小匙
雞蛋1個
鮮奶200克
冷開水60克
融化無鹽奶油1/2大匙
橄欖油適量

餡料
無鹽奶油1大匙
新鮮香菇（切薄片）100克
新鮮百里香葉1小匙
茭白筍（切長條片）100克
鹽和黑胡椒適量
鮮奶油1大匙
披薩起司絲60克

做法 Method

◆ **製作可麗餅麵糊** ◆

1 將低筋麵粉和細砂糖混合後堆放在工作檯或大碗盆中，加入鹽混合，堆成小山狀，並在中心處挖一個凹洞。

2 將雞蛋、鮮奶、冷開水和奶油攪拌均勻再倒入凹洞中，以打蛋器攪拌混合成滑順的麵糊，覆蓋上保鮮膜，放入冰箱冷藏30分鐘。

◆ **煎可麗餅** ◆

3 取一個煎鍋，倒入橄欖油加熱，再倒入麵糊，輕搖煎鍋讓麵糊布滿整個鍋面，以中火煎約1分鐘，或至餅皮金黃微焦，然後再翻到另一面煎好，重複此動作煎完所有麵糊。

◆ **製作餡料** ◆

4 將奶油加入鍋中加熱融化，放入香菇片、百里香葉拌炒約2～3分鐘，再加入茭白筍繼續拌炒2～3分鐘，至熟軟且湯汁收乾，以鹽和黑胡椒調味，熄火，然後加入鮮奶油拌均勻。

◆ **組合、完成** ◆

5 取一張可麗餅攤開，鋪上1/3量的餡料，再撒上1/3量的起司絲（圖❶），先對摺（圖❷），再對摺成1/4個圓（圖❸），最後將所有夾好餡料的可麗餅排在烤盤上。

6 烤箱以上下火180℃預熱，將烤盤移入烤箱中烤約5分鐘即可。

Tips 小訣竅

鹹味的可麗餅當正餐或點心都很適合。

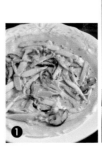

Tips 小訣竅

外觀呈球形的「Knish」，是東歐、德國一帶的傳統點心。它通常包著馬鈴薯泥餡，經過烘烤而成，但是後來流傳到美國，成了寒冬紐約街頭果腹的平民小吃，形狀、內餡材料或是油炸方式漸漸有了變化。

東 歐 風 味

Knish

洋蔥馬鈴薯烤餅

份量 Serves
8 個

材料 Ingredient

餅皮
過篩的高筋麵粉110克
過篩的低筋麵粉110克
泡打粉1小匙
鹽1/2小匙
雞蛋2個
水30克
橄欖油1大匙
高筋麵粉（手粉）適量

蛋液
雞蛋1個
水5克（1小匙）

餡料
橄欖油1大匙
洋蔥丁240克
鹽和黑胡椒適量
馬鈴薯泥500克

做法 Method

◆ **製作餅皮麵團** ◆

1　將高筋麵粉、中筋麵粉和泡打粉混合後堆放在工作檯或大碗盆中，加入鹽混合，堆成小山狀，並在中心處挖一個凹洞，放入雞蛋、水、橄欖油，以叉子攪拌混合成團。若麵團太乾，可酌量加些水，太濕就加些麵粉。

2　繼續揉整麵團約5分鐘，至麵團質地平順有彈性、表面平滑，將麵團放入已抹上些植物油的容器中，再覆蓋上保鮮膜或乾淨的濕布，靜置於室溫1小時鬆弛。

◆ **製作餡料** ◆

3　取一個鍋子，倒入橄欖油加熱，加入洋蔥丁，以中小火拌炒數分鐘至香軟，以鹽和黑胡椒調味，然後取出和馬鈴薯泥混合均勻。

◆ **整型** ◆

4　取少許高筋麵粉撒在工作檯上，將麵團分成8等份，先取一份麵團整形成方形，以擀麵棍擀成約15公分的方形薄麵皮，取1/8量的餡料放在麵皮中央。

5　將1個雞蛋打散，加水混合，塗刷些蛋水在麵皮周邊，將四邊麵皮往中心聚集，提起並捏合成包袱形狀（圖❶、圖❷），再塗刷些蛋水在包袱表面，刺些小孔讓餡料空氣能在烤焙時散出。

◆ **組合、完成** ◆

6　烤箱以上下火180℃預熱，將烤盤移入烤箱中烤約40分鐘，或至外皮金黃脆硬即可。

Tips **小訣竅**

麵皮加上馬鈴薯內餡讓人有飽足感，但若覺得有點單調厚重，可試試將內餡改成其他蔬菜，品嘗不同風味。

Part 3

義大利麵 & 麵餃

Pasta & Ravioli

義大利是美食王國，

絕對不能錯過各式義大利麵和麵餃！

使用自製麵條、蝴蝶麵和麵餃皮烹調，

在家便能享受道地的義大利風味。

┌ 義 大 利 風 味 ┐

Homemade Tomato Pasta with Pesto Sauce
自製蕃茄麵佐九層塔青醬

份量 Serves

2～3人份

材料 Ingredient

蕃茄麵

過篩的中筋麵粉200克、鹽1/2小
匙、雞蛋2個、橄欖油20克、蕃茄
糊2大匙、高筋麵粉（手粉）適量

青醬

九層塔葉20克、特級橄欖油110克、
帕瑪森起司屑（Parmesan Cheese）15
克、烤過的松子15克、鹽1/2小匙

Tips 小訣竅

1 完成的自製麵條密封好，可冷
   藏存放約2天，或是冷凍保存可
   達2週，使用時不需解凍，直接
   放入沸水中加熱即可。

2 麵團材料中的橄欖油，除了可
   增加麵條的口感和香味，也
   能幫助麵團發酵，但在做法
   14.中，分切好的麵條乾燥時間
   通常不超過10分鐘，而且適合
   在一般室溫中慢慢乾燥，若室
   溫過冷或在冷氣房中，麵條會
   易碎。

3 如果你喜歡蒜頭的嗆辣味，可
   加入幾瓣蒜仁一起攪打；另
   外，若是松子不易取得，或者
   成本較高，可以改成3大匙杏仁
   代替。

做法 Method

◆ 製作蕃茄麵 ◆

1 將中筋麵粉、鹽混合後堆放在工作檯或大碗盆中，堆
   成山狀，並在中心處挖一個凹洞（這個動作也稱作挖
   一口井，在製作本書其他道麵點時會不斷出現）。
   （圖❶）

2 雞蛋去殼，放入粉類凹洞中。（圖❷）

3 加入橄欖油。（圖❸）

4 加入蕃茄糊。（圖❹）

下一頁還有
步驟圖喔！

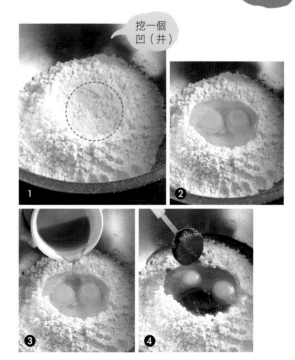

挖一個
凹（井）

❶ ❷ ❸ ❹

5 以叉子將雞蛋、橄欖油和蕃茄糊攪拌混合，並由中心向外將麵粉和蛋液逐漸混合均勻。（圖❺、❻）

6 取少許高筋麵粉撒在工作檯上，雙手也可稍微沾一些高筋麵粉，開始揉整麵團，若麵團仍會黏手，可添加些許中筋麵粉繼續揉整。

7 揉整約6～10分鐘，至麵團質地平順有彈性、表面平滑。（圖❼）

8 將麵團覆蓋上保鮮膜或乾淨的濕布，靜置30分鐘鬆弛。（圖❽）

9 將麵團分成3～4等份，繼續覆蓋住。在工作檯表面和擀麵棍都撒上適量高筋麵粉，先取一份麵團壓扁，以擀麵棍由麵團中心往外擀開（圖❾），擀開過程中不時轉動麵皮，至擀成漂亮的圓形。

10 將麵皮對摺擀開，重複此動作7～8次，至麵皮成為約0.5公分薄的平滑圓形，再擀成約0.25公分薄的麵皮。（圖❿）

11 擀好的麵皮放在乾布上，如果要製作包餡麵餃的麵皮則需覆蓋，一般不同形狀的麵條則不需覆蓋。

由中心
往外混合

12 將稍微乾燥的麵皮捲成長筒狀。（圖**⑪**）

13 以廚刀或滾輪刀依所需分切成0.3～0.8公分寬的麵條，然後拉成長條。（圖**⑫**、**⑬**）

14 將分切好的麵條鋪散在乾布上，或者晾在木棍上，讓表面乾燥。（圖**⑭**）

◆ 製作九層塔青醬 ◆

15 九層塔葉洗淨，晾乾水分，和橄欖油一起放入食物處理機中攪碎。

16 加入帕瑪森起司、松子、鹽，攪打混勻即完成，約可完成青醬約3/4杯（100克）的量。若製作過程中醬汁太濃稠，可酌量加些橄欖油。

17 將完成的九層塔青醬裝入罐中，可在表面倒上一層橄欖油，避免青醬氧化變色，放至冷藏可保存1～2週，冷凍可達1個月以上。

◆ 煮麵、完成 ◆

18 準備一鍋水煮開，加入適量鹽，放入麵條煮8～12分鐘，至麵條軟硬適中取出。最後將剛煮好的麵拌入適量青醬，裝飾新鮮香草即可。

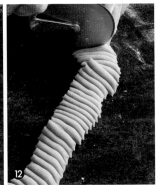

義 大 利 風 味

Carrot Farfalle with Mint Cream Sauce
胡蘿蔔蝴蝶麵佐薄荷奶油醬

份量 Serves
2 ～ 3 人份

材料 Ingredient

胡蘿蔔蝴蝶麵
中筋麵粉200克
鹽1/2小匙
雞蛋2個
胡蘿蔔泥2大匙
橄欖油20克
豆蔻粉1/8小匙
高筋麵粉（手粉）適量

薄荷奶油醬
無鹽奶油15克
蒜仁（切碎）1瓣
洋蔥末2大匙
鮮奶油125克
新鮮薄荷葉（切絲）1大匙
鹽適量
櫻桃胡蘿蔔切薄片3個

做法 Method

◆ **製作胡蘿蔔蝴蝶麵** ◆

1 參照p.83的做法1～3。

2 加入胡蘿蔔泥。以叉子將雞蛋、橄欖油和胡蘿蔔泥攪拌混合，並由中心向外將麵粉和蛋液逐漸混合均勻。

3 參照p.84的做法6～10，擀成約0.25公分薄的麵皮。

4 將麵皮以鋸齒狀的滾輪刀切割出約2.5×5.5公分的長方形片（圖❶），在中央處捏緊，使成蝴蝶結（圖❷），再放在乾布上，約5分鐘後再將鬆開的蝴蝶結重新捏緊，繼續靜置5分鐘讓表面乾燥。

5 準備一鍋水煮開，加入適量鹽，放入蝴蝶麵煮8～12分鐘，至麵條軟硬適中取出。

◆ **製作薄荷奶油醬** ◆

6 煮麵的同時，將奶油放於另一鍋中，以小火加熱融化，加入蒜仁碎、洋蔥末，以中小火拌炒2～3分鐘，至金黃香軟，然後加入鮮奶油煮至沸騰，轉小火續煮3分鐘，至醬汁稍濃稠即可，熄火後拌入薄荷葉絲，以鹽調味。

◆ **完成** ◆

7 將剛煮好的蝴蝶麵放入盤中，拌入適量薄荷奶油醬，放上些許櫻桃蘿蔔片，裝飾新鮮香草即可。

Tips 小訣竅

1 煮義大利麵的水量，以麵條能在沸水中翻滾為佳。煮麵時，如果先將鹽加入水中，水需較長時間才能煮沸，因此可以等水煮沸後再加入鹽。鹽量約為水量的1%。

2 高筋麵粉較鬆滑、不黏手，適合用作手粉。

中央處

Tips 小訣竅

如果買不到義大利粗麵管，也可以用較大的水管麵或貝
殼麵替代，或是將千層麵皮煮軟冷卻後，將綠花椰菜泥
擠在麵皮一側，像捲蛋糕捲那樣將泥包鑲在裡面。

義 大 利 風 味

Broccoli and Ricotta Cannelloni

綠花椰起司鑲義大利麵管

份量 Serves
2 ～ 3 人份

材料 Ingredient

鑲麵管
乾義大利粗麵管（約7.5公分
長）6條
橄欖油45克
綠花椰菜225克
鮮奶80克
新鮮麵包屑40克
瑞可塔起司（Ricotta）110克
荳蔻粉1小撮
帕瑪森起司（Parmesan）45克
鹽和黑胡椒適量

白醬
無鹽奶油20克
麵粉20克、鮮奶240克
月桂葉1片、荳蔻粉1小撮
鹽和黑胡椒適量

做法 Method

◆ 煮麵管、製作綠花椰菜泥 ◆

1　烤箱以上下火190℃預熱。取一個焗烤陶瓷容器，在容器
內層塗一層橄欖油（份量外）。

2　準備一鍋水煮開，加入15克橄欖油，放入麵管煮6～7分
鐘，或者麵管七、八分熟，取出以冷水沖涼，然後瀝乾
水分，可淋上少許橄欖油，蓋上乾淨的布防止麵管沾
黏、乾硬。

3　煮麵的沸水不要倒掉，將綠花椰菜放入，煮約10分鐘至
軟，取出稍微放涼，放入食物處理機中攪打成泥狀。

4　將鮮奶、30克橄欖油倒入容器中，加入麵包屑混合，使麵
包屑浸泡變濕軟，再拌入綠花椰菜泥、瑞可塔起司、荳
蔻粉、30克（約2大匙）帕瑪森起司，然後以鹽和黑胡椒
調味。

◆ 製作白醬 ◆

5　將奶油放於另一鍋中，以小火加熱融化，再放入麵粉拌
炒約1分鐘，接著分次加入鮮奶、月桂葉，以小火拌煮約
5分鐘，煮至醬汁開始冒泡即可熄火，最後加入豆蔻粉、
鹽和黑胡椒調味。

◆ 組合、完成 ◆

6　將綠花椰菜泥放入擠花袋中，再填塞入義大利麵管中
（圖❶）。

7　取少量白醬塗抹在焗烤容器內底部，排上填好泥的麵
管，再將剩餘白醬塗抹在麵管上，撒上剩下的帕瑪森起
司，移至預熱好的烤箱中，以190℃烤約30分鐘，或者至
表面呈金黃微焦即可。

份量 Serves
2 〜 3 人份

材料 Ingredient

麵疙瘩
馬鈴薯300克
青豆200克
雞蛋1個
過篩的低筋麵粉100〜150克
鹽和黑胡椒適量

新鮮蕃茄紅醬
新鮮蕃茄600克
特級橄欖油25克
洋蔥末2大匙
蒜仁（切碎）2瓣
蕃茄糊（Peste）1小匙
鹽和黑胡椒適量
九層塔末1大匙

Tips 小訣竅

1　製作好的生麵疙瘩若沒有馬上烹調，可以放入冷藏保存2〜3天，放冷凍則可以保存1個月，等要使用前再取出，稍微退冰即可烹調了。

2　製作蕃茄紅醬也可改用其他的新鮮香草，像是洋香菜、奧勒岡等，或者用乾燥的香草，但用量需減少1/2或1/3，在醬汁煮好前幾分鐘再加入。當然也可以不加香草，等烹調義大利麵時，再依食材選用對味的香草。

3　義式麵疙瘩的主要材料是馬鈴薯泥搭配少量麵粉，你也可以用其他根莖類或瓜果（地瓜、南瓜等）來替代食譜中的青豆泥。

Pea Gnocchi with Tomato Sauce

青豆麵疙瘩佐新鮮蕃茄紅醬

做法 Method

◆ 製作麵疙瘩 ◆

1　馬鈴薯洗淨，連皮直接放入電鍋中蒸熟，取出去除外皮，用湯匙背壓成馬鈴薯泥，青豆煮熟後也壓成泥。將馬鈴薯泥、青豆泥、雞蛋、低筋麵粉、鹽和黑胡椒放入鋼盆中，混合拌成團，低筋麵粉可以先加100克，如果拌好的麵團太濕黏，再酌量加點麵粉拌成團。

2　準備一鍋水煮開，先將麵團捏一小團並搓成一小圓球，放入滾水中煮約3分鐘至浮起，撈起小圓球，用手指按壓，如果有彈性就表示已熟，等稍放涼後再試試口感和軟硬，如果太軟，可以再酌量增加麵粉，調整好麵團。

3　將麵團整型、分切。把麵團搓成約2公分寬的長條（圖❶、❷），再分切成約3公分長的小段（圖❸），如果麵團較濕黏或喜歡濕黏口感，可把麵團填入擠花袋中，擠出條狀，再以剪刀分剪成小段。

◆ 製作新鮮蕃茄紅醬 ◆

4　以小刀將蕃茄尾端的表皮，劃開十字刀紋，放入沸水中煮約30秒，取出以冷水沖涼，然後去皮，剝開去籽，切碎。

5　取一個小鍋，倒入橄欖油加熱，放入洋蔥末、蒜仁碎，以中小火炒3～5分鐘至香軟。

6　加入新鮮蕃茄碎、蕃茄糊煮滾後轉小火，續煮20～30分鐘至醬汁變濃稠，再以鹽、黑胡椒調味，熄火，拌入九層塔末即可。

◆ 煮麵疙瘩、完成 ◆

7　將分切好的麵疙瘩放入滾水中煮熟。撈出煮好的麵疙瘩，拌入適量加熱過的蕃茄紅醬，淋上些許特級橄欖油，裝飾新鮮香草即可。

3公分寬

義 大 利 風 味

Pasta Omelette

義大利麵蛋餅

份量 Serves
直徑約 20 公分、4 ～ 5 公分厚的
圓餅 1 個

材料 Ingredient

橄欖油60克
洋蔥（切碎）1/2個
馬鈴薯（切丁）100克
洋菇100克（1/4量切丁）
蒜仁（切碎）1個
雞蛋5個
九層塔末1大匙
煮熟的短管義大利麵100克
黑橄欖（切圓片）4顆
鹽和黑胡椒適量

Tips **小訣竅**

如果家中有粗短管狀的義大利麵
也可以代用，那這道義大利麵
蛋餅又可以變化出不同的口感
與風味。

做法 Method

◆ **製作蛋餅糊** ◆

1　取30克橄欖油倒入鍋中加熱，加入洋蔥碎、馬鈴薯丁拌炒
　　6～8分鐘，至馬鈴薯半熟軟，然後加入洋菇丁、蒜仁碎繼
　　續拌炒，至所有食材都熟軟，取出放涼。

2　雞蛋打散，和九層塔末、鹽、黑胡椒混合，再和做法1、義
　　大利麵、黑橄欖片混合均勻。

◆ **煎蛋餅、完成** ◆

3　取一個直徑約20公分的平底煎鍋，倒入15克橄欖油加熱，
　　倒入蛋餅糊，以中小火慢慢煎5～10分鐘，至底側蛋餅表皮
　　呈金黃微焦。

4　取一個比平底煎鍋稍大的瓷盤蓋住蛋餅（圖❶），迅速翻
　　轉煎鍋，讓蛋餅掉到瓷盤上（圖❷），再將剩下的橄欖油
　　倒入煎鍋中加熱，把瓷盤上的蛋餅慢慢的滑入煎鍋中（圖
　　❸、❹），繼續以中小火將蛋餅的另一面也煎至金黃微焦
　　即可。

小心翻面

慢慢滑入
鍋中

義大利風味

Gnocchi Romana

焗義大利圓麵餅

份量 Serves

3 ～ 4 人份

材料 Ingredient

圓麵餅

鮮奶300克

荳蔻粉1小撮

無鹽奶油15克

杜蘭小麥粉150克

現磨帕瑪森起司屑30克

雞蛋1個

醬汁

鮮奶油200克

雞蛋1個

低筋麵粉2/3大匙

肉豆蔻粉1小匙

披薩起司絲45克

Tips 小訣竅

抹平的麵糊可以覆蓋上耐熱保鮮膜，這樣在放涼、冷藏的過程中，麵糊表面才不會結成硬皮。

做法 Method

◆ 製作圓麵餅 ◆

1　取一個小鍋，倒入鮮奶油加熱至沸騰，熄火，先拌入荳蔻粉、奶油，再邊攪拌邊慢慢加入小麥粉拌勻，接著開小火續煮，邊煮邊持續攪拌約10分鐘，至麵糊變稠。

2　加入帕瑪森起司屑拌勻，再拌入雞蛋，持續攪拌至麵糊光滑後離火，稍微放涼。

3　取一個平盤，鋪上烤盤紙或抹少許橄欖油，倒入麵糊，以抹刀或湯匙背將表面抹平（麵糊約1公分厚），等完全放涼再移入冰箱冷藏約1小時。

4　取出冰硬的麵糊，以直徑約4公分的金屬中空圓模，壓切出數個圓麵餅（圖❶），然後排在焗烤容器中（圖❷）。

◆ 製作醬汁 ◆

5　將鮮奶油、雞蛋、低筋麵粉、豆蔻粉拌勻，淋在排好的麵餅上（圖❸），撒上起司絲（圖❹）。

◆ 烘烤、完成 ◆

6　烤箱以上下火200℃預熱。將圓麵餅移至預熱好的烤箱中烤約30分鐘，或者至表面呈金黃微焦即可。

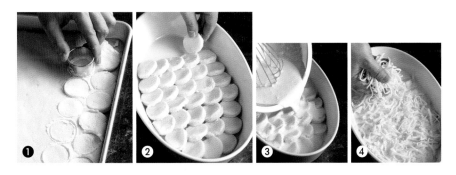

份量 Serves
12 個

材料 Ingredient

麵皮
過篩的高筋麵粉100克
過篩的低筋麵粉100克
鹽1/2小匙
無鹽奶油35克
雞蛋1個
雪莉酒30克
冰水適量
高筋麵粉（手粉）適量

餡料
橄欖油1/2大匙
洋蔥末100克
蕃茄糊1小匙
罐頭蕃茄碎60克
濕豆皮（切丁）45克
酸豆末2小匙
洋香菜末1大匙
鹽和黑胡椒適量

Tips 小訣竅

如果希望烤好的麵餃表皮閃閃發亮，
可將打散的蛋液塗刷在麵餃表面。

西班牙風味

Empanadas
西班牙蕃茄餃

做法 Method

◆ 製作麵皮 ◆

1 將高筋麵粉、低筋麵粉混合後堆放在工作檯
   或大碗盆中，堆成山狀，加入鹽拌勻。然後
   倒入在室溫下稍微回溫軟化的奶油，以手指
   尖迅速拌勻成麵包屑般大小的麵粉堆。

2 在中心處挖一個凹洞（一口井），倒入雞蛋
   和雪莉酒，以手或叉子將麵粉、雞蛋和雪莉
   酒攪拌混合，如果麵團太乾，可酌量加入些
   許冰水，稍微揉搓成團，包上保鮮膜，放入
   冰箱冷藏30分鐘以上。

◆ 製作餡料 ◆

3 取一個小鍋，倒入橄欖油加熱，放入洋蔥
   末，以中小火炒3～5分鐘至香軟。然後加入
   蕃茄糊、蕃茄碎、豆皮丁、酸豆末繼續拌煮
   約10分鐘，煮至醬汁收乾，撒入洋香菜末拌
   一下，以鹽、黑胡椒調味。

◆ 包蕃茄餃 ◆

4 從冰箱中取出麵團，放於室溫稍微軟化，以
   擀麵棍擀成約0.2公分厚的薄麵皮，再用直徑
   約10公分的金屬中空圓模，壓切出12個麵皮
   （圖❶）。

5 以湯匙取等量的餡料鋪放在麵皮的半邊，周
   圍須保持些留白（圖❷），以手指沾清水
   將麵皮周圍一圈沾濕，再將另一半側麵皮提
   起，對摺蓋住餡料（圖❸），然後以手將側
   邊上下麵皮確實捏緊成餃子邊般的皺褶（圖
   ❹）。

◆ 烘烤、完成 ◆

6 烤箱以上下火190℃預熱。將蕃茄餃移至烤箱
   中烤約30分鐘，或者至表面呈金黃微焦即可
   取出。

小心壓切，不
要浪費麵皮。

義 大 利 風 味

Beetroot Ravioli with Cheese Cream Sauce
甜菜根圓麵餃佐鮮奶油起司醬

份量 Serves
2 ～ 3 人份

材料 Ingredient

甜菜根起司餡
甜菜根200克
馬斯卡彭起司（Mascarpone）200克
帕瑪森起司屑（Parmesan）15克
鹽和黑胡椒適量

芫荽義大利麵皮
過篩的中筋麵粉200克
鹽1/2小匙
雞蛋2個
橄欖油20克
芫荽葉末3大匙
高筋麵粉（手粉）適量

鮮奶油起司醬
無鹽奶油45克
鮮奶油160克
現磨帕瑪森起司75克
新鮮洋香菜葉末1 1/2大匙
鹽和黑胡椒適量

Tips 小訣竅
甜菜根可在大一點的傳統市
場或大超市、百貨公司超市
可以買到。

做法 Method

◆ 製作甜菜根起司餡 ◆

1 甜菜根外皮洗淨，放入沸水中煮熟，取出稍微放涼，
去除外皮後切塊，放入食物處理機中攪碎，然後加入
馬斯卡彭起司，繼續攪打成滑順的泥狀，再拌入帕瑪
森起司屑，以鹽和黑胡椒調味，備用。

◆ 製作芫荽義大利麵餃 ◆

2 參照p.83的做法1～3。

3 加入芫荽葉末，以叉子將雞蛋、橄欖油和芫荽葉末攪
拌混合，並由中心向外將麵粉和蛋液逐漸混合均勻。

4 參照p.84的做法6～10，擀成約0.25公分薄的麵皮。

5 將麵皮以直徑約7.5公分的金屬中空圓模，壓切出數個
麵皮（圖❶）。

下一頁還有
步驟圖喔！

❶

6 以湯匙取等量的甜菜根起司餡鋪放在一半量的麵皮上（圖❷），以手指沾清水將麵皮周圍一圈沾濕（圖❸），再鋪蓋上剩餘的另一半量的麵皮（圖❹），以指腹將麵餃周圍麵皮壓密合（圖❺）。

7 準備一鍋水煮開，放入麵餃煮3～5分鐘，至麵皮熟軟即可取出。

◆ 製作鮮奶油起司醬 ◆

8 煮麵餃的同時，將奶油放於另一鍋中，以小火加熱融化，加入鮮奶油、帕瑪森起司，邊攪拌邊煮至沸騰，轉小火續煮並煮至醬汁稍濃稠即可，熄火後拌入洋香草葉末，以鹽和黑胡椒調味。

◆ 完成 ◆

9 將剛煮好的麵餃放入盤中，拌入適量鮮奶油起司醬即可。

將麵皮周圍沾濕

捏密合，不要讓餡料漏出。

完成囉！

法國風味

Spring Bamboo Shoots and Mushroom Pancakes

春筍鮮菇煎餅

份量 Serves

2 ～ 3 人份

材料 Ingredient

麵皮

雞蛋2個、無鹽奶油20克、鮮奶250克、過篩的高筋麵粉45克、過篩的低筋麵粉45克、鹽少許、蛋白1個

餡料

無鹽奶油20克、蒜仁（切末）1個、新鮮百里香葉1小匙、新鮮竹筍（切丁）200克、新鮮香菇（切丁）100～150克、現磨帕瑪森起司（Parmesan）20克、鹽和黑胡椒適量

做法 Method

◆ 製作麵皮 ◆

1 奶油放於鍋中，以小火加熱融化，放涼。將蛋液、奶油、鮮奶、高筋麵粉、低筋麵粉和鹽，以打蛋器或果汁機攪打至滑順無顆粒的麵糊，覆蓋上保鮮膜，靜置鬆弛15分鐘。

2 取一個直徑約15公分的不沾煎鍋加熱，舀入3～4大匙麵糊，輕搖煎鍋，使麵糊均勻分布成薄麵皮，以中小火煎至麵皮兩面稍微上色即可，重複此動作完成所有煎餅。

◆ 製作餡料 ◆

3 奶油放於鍋中，以小火加熱融化，加入蒜末、百里香葉稍微炒香，再加入筍丁、香菇丁拌炒3～5分鐘至熟軟，熄火，接著瀝乾餡料的湯汁，最後拌入現帕瑪森起司，以鹽、黑胡椒調味。

◆ 包好煎餅 ◆

4 取2～3大匙餡料鋪放在麵皮的半邊，周圍須保持些留白，以刷子沾蛋白水，將周圍一圈沾濕，再將另一半側麵皮提起，對摺蓋住餡料，然後以手將側邊上下麵皮以指腹壓緊密合。

◆ 油煎、完成 ◆

5 取一個鍋子，倒入適量的油加熱，分次放入所有包餡的煎餅，煎至兩面金黃即可。

印 度 風 味

Samosas
印度香料餃

份量 Serves
15 個

材料 Ingredient

麵皮
過篩的高筋麵粉110克
過篩的低筋麵粉110克
鹽1/2小匙
植物油30克
溫開水90克

餡料
馬鈴薯200克
豌豆40克
植物油1大匙
咖哩粉1小匙
青辣椒（切末）1支
薑（切末）1.5公分長
檸檬汁10克
芫荽葉末1大匙
鹽適量

Tips 小訣竅

1 將一小塊麵皮或麵包丁
放入加熱的炸油中，約
15秒後呈金黃色的話，
就表示炸油溫度已達到
約180℃。

2 油炸後酥脆的香料餃是
印度極受歡迎的國民
鹹點心，通常會搭配
印度式的甜酸辣沾醬
（Chutney）食用。

做法 Method

◆ **製作麵皮** ◆

1 將高筋麵粉、低筋麵粉混合後堆放在工作檯或大碗盆中，堆成
山狀，加入鹽拌勻。然後倒入植物油，以手指尖或叉子拌勻成
為粗顆粒狀。接著分次加入溫開水揉整至成團，再繼續揉整麵
團約5分鐘，至表面平滑，覆蓋上乾布或保鮮膜，在室溫下靜置
約15分鐘。

◆ **製作餡料** ◆

2 準備一鍋水煮開。馬鈴薯去皮，整顆放入沸水中煮約10分鐘或
至軟熟，取出瀝乾，稍微放涼後切約1公分丁狀。豌豆也放入沸
水中煮約2分鐘，取出泡在冷水中保持青翠。

3 取一個小鍋，倒入植物油加熱，放入洋蔥末，以中小火炒3～5
分鐘至香軟，呈黃褐色。然後加入咖哩粉、青辣椒末、薑末、
馬鈴薯丁、豌豆繼續拌炒1分鐘，最後拌檸檬汁、芫荽葉末，以
鹽調味，放涼。

◆ **包香料餃** ◆

4 工作檯表面撒些許高筋麵粉，將麵團擀成約0.3公分厚的薄麵
皮，將麵皮以直徑約8公分的金屬中空圓模，壓切出15個麵皮。

5 取約1/2大匙餡料鋪放在麵皮的半邊，周圍須保持些留白，以手
指沾清水將麵皮周圍一圈沾濕，再將另一半側麵皮提起，對摺
蓋住餡料，然後將側邊上下麵皮以叉子壓緊密合（圖❶）。

◆ **油炸、完成** ◆

6 將炸油倒入鍋中約4公分深的量，
加熱至約180℃，分次放入麵餃，炸
至雙面金黃，撈出瀝油，再放於廚
房紙巾上吸掉多餘的油即可。

Part 4

點心＆三明治
Snack & Sandwich

在聚會、下午茶時刻，吃膩了甜點和蛋糕嗎？

這種時候，建議你來個一口小食。

比如三明治、鹹泡芙，

以及起司棒、芝麻棒、起司薄片等鹹點心，

豐富味覺，讓點心更多變化！

義大利風味

Tomato Gougeres with Pesto Sauce and Mozzarella Cheese
青醬起司鑲蕃茄泡芙

份量 Serves
約 20 個

材料 Ingredient

蕃茄泡芙
蕃茄汁45克
鮮奶45克
無鹽奶油（切丁）50克
鹽1小撮
細砂糖1小撮
過篩的低筋麵粉75克
雞蛋2個
現磨帕瑪森起司屑（Parmesan）50克

夾餡
新鮮莫札瑞拉起司（切片）適量
市售或自製青醬適量
牛蕃茄（切片）適量
新鮮九層塔葉適量

做法 Method

◆ 製作麵糊 ◆

1　將蕃茄汁、鮮奶和奶油丁放入鍋中煮沸，使奶油融化。

2　加入低筋麵粉，以木匙或耐熱刮刀迅速攪拌，繼續拌煮成黏稠的麵糊，最後煮至麵糊不沾黏鍋壁（圖❶），熄火。

3　等麵糊稍微降溫，分次將雞蛋加入麵糊中拌勻，然後再加入帕瑪森起司屑混勻。

◆ 整型 ◆

4　將麵糊填入裝有直徑約1公分圓孔花嘴的擠花袋，再擠出直徑約4公分、2公分高的半圓球形，擠在不沾或塗油的烤盤上（圖❷），以叉子沾水，將麵糊表面稍微壓平（圖❸）。

◆ 烘烤、完成 ◆

5　烤箱以上下火220℃預熱。將烤盤移入烤箱烤約10分鐘，然後將烤溫降至180℃，繼續烤約15分鐘，至泡芙膨脹，並且金黃上色即可。

6　等泡芙稍微放涼，以鋸齒刀對半橫切，先將莫札瑞拉起司片鋪在底部的泡芙，淋上些許青醬（自製的話可參照p.85），再覆蓋上牛蕃茄片、九層塔葉，最後蓋上頂部的泡芙即可。

Tips 小訣竅

為了讓泡芙在烘焙時達到最好的膨脹效果，當煮好的麵糊稍降溫至60℃時，即可將先回溫的雞蛋趁熱加入，並趁餘溫快速將麵糊擠在烤盤上，進烤箱前，可再以噴霧器將麵糊表面噴濕，幫助泡芙順利膨脹。

沾水稍微壓平表面

英 國 風 味
Beetroot Scones
甜菜根司康

份量 Serves
12 ～ 15 個

材料 Ingredient

過篩的高筋麵粉125克
過篩的低筋麵粉125克
泡打粉2小匙
鹽1/2小匙
黑胡椒1/2小匙
新鮮香草末2大匙
無鹽奶油（回溫軟化）50克
甜菜根（去皮刨絲）200克
鮮奶50克
優格50克
高筋麵粉（手粉）適量

做法 Method

◆ 製作麵團、整型 ◆

1 奶油放在室溫，使回溫軟化；甜菜根去皮後刨絲。將高筋麵粉、低筋麵粉、泡打粉混合過篩，加入鹽、黑胡椒和新鮮香草末混合均勻。

2 拌入已軟化的奶油混合均勻，加入甜菜根絲，再倒入鮮奶、優格混合成團。

3 取少許高筋麵粉撒在工作檯上，雙手也可稍微沾一些高筋麵粉，麵團放在工作檯上上，以擀麵棍擀成約2公分厚的麵餅，然後以直徑約4公分的金屬中空圓模，壓切出10多個圓餅，排在烤盤上。

◆ 烘烤、完成 ◆

4 烤箱以上下火200℃預熱。將烤盤移入烤箱烤約20分鐘，或至麵餅膨脹表面略呈金黃上色即可。

5 等司康餅稍微放涼，可剝開搭配抹醬食用。

Tips 小訣竅

1 也可先將麵團擀成約1公分厚的麵皮，在表面刷上薄薄一層清水，再將麵皮對摺壓合，然後以圓模壓切出一個個小圓餅，或者也可用刀切成三角或四角形。以此方法製作的司康餅，在剝開時形狀會較工整。

2 這一款司康可以當作主食，也可以當作點心。食用時，可依個人喜好抹上果醬、軟質起司、抹醬等，口味豐富，是很討喜的點心。

法國風味

Carrot Souffle
胡蘿蔔舒芙蕾

份量 Serves

4 人份

材料 Ingredient

融化無鹽奶油1大匙
乾麵包屑1½大匙
胡蘿蔔350克
鮮奶60克
柳橙汁60克
蜂蜜20克
肉桂粉適量
無鹽奶油30克
麵粉30克
現磨帕瑪森起司屑（Parmesan）90克
鹽和黑胡椒適量
雞蛋（蛋黃、蛋白分開）4個

做法 Method

◆ **製作麵糊** ◆

1 將融化奶油塗在舒芙蕾烤模內部，放入乾麵包屑後旋轉烤模，讓麵包屑沾附在烤模內部，然後倒出多餘的麵包屑（圖❶、圖❷）。

2 胡蘿蔔削皮切塊，放入沸水中煮約10分鐘至熟軟，取出瀝乾水分，稍微放涼，然後和鮮奶、柳橙汁、蜂蜜、肉桂粉一起放入食物處理機中攪打成泥狀。

3 取一個小鍋，放入奶油（30克）加熱融化，加入麵粉，以小火拌煮約2分鐘，但不可讓麵糊上色即可離火（圖❸），加入胡蘿蔔泥拌勻，再移回爐上，以中小火煮至沸騰，再轉小火繼續拌煮約3分鐘，離火，稍微放涼。

4 加入帕瑪森起司屑混合均勻，再加入打散的蛋黃液拌勻。

5 將蛋白打發至濕性發泡，先取1/3量蛋白霜迅速輕柔地拌入胡蘿蔔麵糊中，攪拌時動作要輕，不可過度攪拌，以免蛋白霜消泡，然後加入剩餘的蛋白霜輕輕拌勻。

◆ **烘烤、完成** ◆

6 將麵糊倒入烤模中，以抹刀將麵糊抹平，再以拇指在麵糊表面以同心圓畫圈，可幫助烤焙時順利膨脹。烤箱以上下火180℃預熱，將烤模移入烤箱烤約45分鐘，至麵糊膨脹且金黃上色，取出輕拍舒芙蕾表面，麵糊烤熟成固態且有彈性即完成。趁熱迅速上桌食用，以免塌陷。

Tips 小訣竅

想要確認舒芙蕾是否烤熟，也可使用一般烘焙蛋糕的測試方法，取小尖刀或長探針、竹籤插入中心處，取出後若是乾淨不沾黏麵糊，就表示烤熟了。

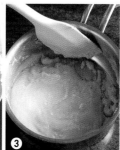

南歐風味

South European Style Gougeres
南歐風泡芙球

份量 Serves

12 ～ 15 個

材料 Ingredient

熱水250克

番紅花1小撮

無鹽奶油（切丁）50克

鹽1/4小匙

過篩的低筋麵粉110克

雞蛋2個

蛋黃1個

第戎芥末醬1小匙

紅椒粉1/2小匙

碎核果50克

切達起司末（Cheddar）50克

Tips 小訣竅

加入泡芙麵糊的蛋量可依麵糊煮
好的程度做調整，麵糊加完蛋液
的理想濃稠度，是以攪拌刮刀沾
附麵糊，會呈倒三角形狀。

做法 Method

◆ 製作麵糊 ◆

1 將番紅花放入熱水中浸泡半小時，讓番紅花的金黃色
溶入水中，再將番紅花水和奶油丁放入鍋中煮沸，使
奶油融化。

2 加入低筋麵粉，以木匙或耐熱刮刀迅速攪拌，繼續拌
煮成黏稠的麵糊，最後煮至麵糊不沾黏鍋壁，熄火
（圖❶）。

3 等麵糊稍微降溫，分次將雞蛋、蛋黃加入麵糊中拌
勻，然後再加入芥末醬、紅椒粉、碎核果和切達起司
末混勻。

◆ 整型 ◆

4 將兩支湯匙沾冷水，挖出一滿湯匙的麵糊，排在不沾
或塗油的烤盤上（圖❷）。

◆ 烘烤、完成 ◆

5 烤箱以上下火220℃預熱。將烤盤移入烤箱烤約10分
鐘，然後將烤溫降至180℃，繼續烤約15分鐘，至泡芙
膨脹，並且金黃上色即可。

6 可趁熱或放涼食用，也可剖開或將另外製作的餡料灌
入，就是更多變化的鹹香泡芙囉！

兩支湯匙配
合挖出麵團

東 歐 風 味

Blue Cheese and Pumpkin on Oatcakes
燕麥脆片佐藍黴南瓜

份量 Serves

直徑 4 公分小圓片約 35 個

材料 Ingredient

燕麥脆片

細燕麥片170克

小蘇打粉1/2小匙

鹽1/2小匙

融化無鹽奶油30克

熱開水150克

頂料

南瓜適量

新鮮百里香葉適量

橄欖油適量

鹽和黑胡椒適量

藍黴起司（捏碎）適量

做法 Method

◆ **製作麵團、整型** ◆

1　先將燕麥片和小蘇打粉、鹽混合，再拌入融化奶油、熱開水，讓燕麥片吸收水分軟化，然後攪拌成麵團。撒些許燕麥片（份量外）在工作檯上，取出麵團揉整約1分鐘。

2　將燕麥片麵團放在兩片透明塑膠袋中間，以擀麵棍擀成薄片（圖❶），掀開上層塑膠袋，以直徑約4公分的金屬中空圓模，壓切出數個圓餅，排放在鋪了烤盤紙的烤盤上（圖❷）。

◆ **製作頂料、完成** ◆

3　烤箱以上下火160℃預熱。將烤盤移入烤箱烤20～30分鐘，或至燕麥脆片乾硬、顏色變白即可。

4　烤箱以上下火180℃預熱。取適量南瓜削去外皮，切成3～4公分的塊狀，排放在烤盤上，撒上百里香葉，淋上橄欖油，撒上鹽和黑胡椒調味，移入烤箱烤至熟軟。

5　將烤好的南瓜塊放在燕麥脆片上，撒些藍黴起司碎塊，裝飾新鮮百里香葉即可。

Tips 小訣竅

細燕麥片的吸水效果比較快，但若家中只有大燕麥片，可先放在食物處理機中打碎或以刀先切碎再使用。

印 度 風 味

Curry and Cheese Straws
咖哩起司棒

份量 Serves

約 40 根

材料 Ingredient

過篩的低筋麵粉120克
鹽和黑胡椒適量
咖哩粉1大匙
無鹽奶油（切小丁）60克
切達起司屑（Cheddar）60克
雞蛋（打散）1個
小茴香籽適量
橄欖油適量
高筋麵粉（手粉）適量

做法 Method

◆ **製作麵團、整型** ◆

1 將低筋麵粉、鹽、黑胡椒和咖哩粉混合後堆放在工作檯或大碗盆中，加入奶油丁，以手指尖迅速和粉類混合拌勻成約黃豆般大小的粉油塊。

2 將1/2量的蛋液加入，混合成麵團即可，不可過度揉整，以免奶油塊融化，成品失去酥脆層次，將麵團放入冰箱冷藏鬆弛30分鐘。

3 將少許高筋麵粉撒在工作檯上，雙手也可稍微沾一些高筋麵粉，取出麵團，以擀麵棍擀成約0.5公分厚的麵皮，再以小刀或滾輪刀切成約7公分長、1公分寬的長條。

◆ **組合** ◆

4 在烤盤上塗刷些橄欖油或融化奶油，整齊排放好長條麵皮，再將剩下的蛋液塗刷在麵皮上，撒上小茴香籽。

5 烤箱以上下火180℃預熱。將烤盤移入烤箱烤10～15分鐘，或至起司條金黃酥脆即可。裝飾新鮮百里香葉即可。

Tips 小訣竅

也可以使用其他香料替代小茴香籽，例如百里香或紅椒粉、辣椒片、芝麻或其他生核果碎。

美 國 風 味

Caper and Purple Sweet Potato Muffin Cake
酸豆紫地瓜瑪芬蛋糕

份量 Serves
6 ～ 8 個

材料 Ingredient

紫地瓜200克
小的甜椒5～6個
過篩的低筋麵粉160克
過篩的杜蘭小麥粉80克
泡打粉2小匙、鹽1/2小匙
黑胡椒1/2小匙
酸豆（切碎）2大匙
新鮮巴西里葉末2大匙
橄欖油50克
雞蛋2個
鮮奶100克

做法 Method

◆ **製作麵糊** ◆

1 紫地瓜去皮，切約1.5公分的粗丁，放入電鍋蒸熟，
   取出放涼；甜椒帶蒂上端約1/4處以刀橫切（當蓋
   子），將下端3/4果殼中的籽取出（當容器）。

2 將低筋麵粉、杜蘭小麥粉、泡打粉混合過篩，再加
   入鹽、黑胡椒、酸豆碎、新鮮巴西里葉末混合均
   勻。

3 依序加入橄欖油、雞蛋和鮮奶混合均勻，再拌入紫
   地瓜。

◆ **組合** ◆

4 利用湯匙將麵糊填入甜椒下端，將填好餡的甜椒與
   上端蒂頭蓋子，都排在烤盤上。

◆ **烘烤、完成** ◆

5 烤箱以上下火180℃預熱。將烤盤移入烤箱烤約30分
   鐘，或者以細竹籤、小刀插入馬芬中心處，取出不
   沾黏麵糊的熟度即可。

無國界風味

Purple Sweet Potato Roulade
紫地瓜蛋糕捲

份量 Serves
直徑 7 公分、35 公分長蛋糕捲
1 條

材料 Ingredient

蛋糕
紫地瓜（削皮切塊）450克
雞蛋（蛋黃、蛋白分開）4個
披薩起司絲50克
鹽和黑胡椒適量

餡料
酸奶油225克
優格75克
碎核果15克

做法 Method

◆ **製作蛋糕** ◆

1　紫地瓜蒸熟或煮熟（濾乾水分），以湯匙背壓成泥，先加入蛋黃拌勻，再拌入披薩起司絲，最後以鹽、黑胡椒調味。

2　將蛋白打發至濕性發泡（圖❶），先取1/3量的蛋白霜迅速輕柔地拌入紫地瓜麵糊中，攪拌時動作要輕，不可過度攪拌，以免蛋白霜消泡，然後加入剩餘的蛋白霜輕輕拌勻。

3　烤箱上下火180℃預熱。取一個35×25公分的烤盤，鋪好烤盤紙，倒入麵糊，以抹刀將麵糊抹平（圖❷），移入烤箱烤10～15分鐘至熟，取出稍微放涼。

◆ **製作餡料** ◆

4　將酸奶油、優格和核果合均勻。

◆ **烘烤、完成** ◆

5　撕除蛋糕的烤盤底紙，再將餡料平均抹在蛋糕上，捲成長條捲，食用時切片即可。

Tips 小訣竅

什麼是濕性發泡？又稱七～八分發。當蛋白打發至蓬鬆時，若以手指或攪拌器反勾起少量的蛋白霜檢視，如果蛋白霜尾端的線條仍會稍微彎曲垂下，就是達到濕性發泡；如果繼續攪打而蛋白霜尾端線條直挺挺站立，就是乾性發泡，也稱作全發。

勾起蛋白霜，蛋白霜的尾端線條會稍微彎下。

Chilies and Parmesan Parchment Bread
辣椒起司薄片

份量 Serves
約 8 片

材料 Ingredient

無鹽奶油20克、洋蔥（切丁）100克、辣椒末1小匙
乾奧勒岡1小匙、過篩的低筋麵粉55克
現刨帕瑪森起司屑（Parmesan）30克

做法 Method

◆ **製作麵團、整型** ◆

1 取一個小鍋，放入奶油加熱融化，然後加入洋
   蔥丁、辣椒末、乾奧勒岡，以中大火炒約10分
   鐘，或至洋蔥呈焦糖褐色即可熄火，放涼（圖
   ❶）。

2 將低筋麵粉、帕瑪森起司屑放入食物處理機或
   大碗中攪拌混合，再加入炒洋蔥混合均勻。

3 將洋蔥麵團分成8等份，排在鋪了烤盤紙的烤
   盤上，再覆蓋上另一張透明塑膠袋，以擀麵棍
   將每個麵團擀成薄片（圖❷），再拿開透明塑
   膠袋。

◆ **烘烤、完成** ◆

4 烤箱以上下火150℃預熱。將烤盤移入烤箱烤
   約10分鐘，或至薄片金黃上色，將烤箱烤溫關
   掉，讓薄片留在烤箱中續烤約5分鐘或至薄片
   脆硬。

5 取出放涼，可剝成較小片，搭配沾醬食用。

韓國風味

Kimchi and Seasame Bread Sticks

泡菜芝麻棒

份量 Serves
約 16 根

材料 Ingredient

乾酵母粉1/2大匙、蜂蜜1小匙
溫水（約22℃）150克、過篩的高筋麵粉220克
鹽1/2小匙、橄欖油1小匙
韓式泡菜（切碎濾汁）60克
鮮奶1大匙、白芝麻適量

做法 Method

◆ 製作麵團、整型 ◆

1　將乾酵母粉、蜂蜜加入溫水中攪拌溶解，高筋
　　麵粉和鹽放入鋼盆或大碗中混合，再將酵母
　　水、橄欖油倒入，混合成團。

2　繼續揉整麵團約5分鐘，至麵團質地平順有彈
　　性、表面光滑，再將泡菜碎揉進麵團混勻，將
　　麵團覆蓋上保鮮膜或乾淨的濕布，靜置15分鐘
　　鬆弛。

◆ 整型 ◆

3　將麵團分成16等份，每份搓整成約30公分長、1
　　公分寬的細長棍狀，排在烤盤上，置於室溫下
　　繼續鬆弛15分鐘。

4　將麵棒塗刷上鮮奶，再撒上白芝麻。

◆ 烘烤、完成 ◆

5　烤箱以上下火150℃預熱。將烤盤移入烤箱烤
　　約30分鐘，或至金黃脆硬即可。

義 大 利 風 味

Grilled Vegetable Sandwich

烤蔬菜三明治

份量 Serves
4 份

材料 Ingredient

麵包
約10×10公分厚佛卡夏麵包
（Focaccia）2個

抹醬
美乃滋2大匙
九層塔青醬1大匙

餡料
南瓜、茄子、紅甜椒（切片）各8片
乾燥巴西里葉末適量
鹽和黑胡椒適量
橄欖油適量
莫札瑞拉起司（切片）8片
黑橄欖（切圓片）4顆

做法 Method

◆ 製作餡料、抹醬和麵包 ◆

1 烤箱以上下火200℃預熱。先將南瓜片、茄子片和甜椒片排放在烤盤上，撒上些許巴西里葉末、鹽和黑胡椒，再淋上橄欖油，移入烤箱烤20～30分鐘，至熟軟微焦。

2 將美乃滋和九層塔青醬攪拌均勻，即成抹醬。

3 佛卡夏麵包橫向切開，再將麵包兩面烤至金黃，先取出兩片備用，另外兩片放上莫札瑞拉起司片，烤至起司片融化。

◆ 組合、完成 ◆

4 將南瓜片、茄子片和甜椒片鋪在起司片麵包上，放上黑橄欖片，最後再將另外一片麵包塗上抹醬，再覆蓋上，完成一份三明治，每一份三明治可直切或斜切成兩份。

Tips 小訣竅

1 九層塔青醬的做法，可參照p.85的說明，此外，也可以購買市售的青醬。

2 佛卡夏麵包的做法可參照p.60。

法 國 風 味

Carrot and Scrambled Egg Sandwich
胡蘿蔔雞蛋三明治

份量 Serves
4 份

材料 Ingredient

麵包
法國長棍麵包（斜切2～3公分厚）4片

抹醬
美乃滋30克、芥末醬15克
蜂蜜15克、白醋15克

餡料
糖醋胡蘿蔔→橄欖油適量、胡蘿蔔
（刨絲）100～150克、紅酒醋2大匙、
細砂糖1大匙
炒蛋→雞蛋2個、鮮奶油1大匙、鮮奶1
大匙、鹽適量、無鹽奶油2大匙、菠菜
葉適量

做法 Method

◆ **製作抹醬、餡料、烤麵包** ◆

1 將抹醬的所有材料攪拌均勻即成。

2 先做糖醋胡蘿蔔：取一個小鍋，倒入橄欖油加
熱，放入胡蘿蔔絲，以中火拌炒1分鐘，再加入
紅酒醋、細砂糖，繼續拌炒至水分收乾。

3 將法國麵包片放入烤箱烤至金黃，取出。

4 來做炒蛋：將雞蛋打散，和鮮奶油、鮮奶、鹽
混合均勻。將奶油加入鍋中，加熱至融化，然
後倒入混合均勻的蛋液，以筷子不斷攪拌至蛋
液凝結。

◆ **組合、完成** ◆

5 將麵包先塗上抹醬，再依序放上菠菜葉、糖醋
胡蘿蔔、炒蛋，最後再擠入些許抹醬，完成一
份三明治。

Tips 小訣竅

1 這是一款美味的開放式、單片三明治（Open Sandwich）。
這類三明治是將食材、佐料排放在單片麵包上，尤其多
數人會選用法國麵包切片。可以當作開胃前菜、下午茶
鹹點心，可依個人喜好加上酸黃瓜、酸豆、生菜、生洋
蔥絲等等，是可以隨性製作的點心。

2 雞蛋加入鮮奶或鮮奶油混合成蛋液，讓煎蛋或炒蛋的口
感更加滑嫩，還多了奶香味。

無 國 界 風 味

Avocado and Tofu Sandwich
酪梨豆腐三明治

份量 Serves

4 份

材料 Ingredient

麵包
約10×10公分厚市售佛卡夏麵包
（Focaccia）2個

抹醬
奶油起司100克
蕃茄紅醬30克

餡料
炸油適量
雞蛋豆腐（切2公分的粗丁）100克
生菜適量
酪梨果肉（切2公分的粗丁）100克
紅椒粉適量
鹽和黑胡椒適量

做法 Method

◆ **處理餡料、麵包和抹醬** ◆

1　將炸油倒入鍋中約4公分深的量，以中火加熱
　　至約180℃，再放入豆腐炸2～3分鐘，或至表
　　皮金黃，撈出瀝油，再放於廚房紙巾上吸掉
　　多餘的油。

2　烤箱以上下火180℃預熱，佛卡夏麵包橫向切
　　開，再將麵包兩面烤至微焦。

3　蕃茄紅醬做法參照p.91。將奶油起司和蕃茄紅
　　醬攪拌均勻。

◆ **組合、完成** ◆

4　取兩片麵包塗上抹醬，依序鋪上生菜、酪梨
　　丁、豆腐丁，再放上些許生菜，最後將另外
　　一片麵包塗上抹醬，再覆蓋上，完成一份三
　　明治，每一份三明治可直切或斜切成兩份。

Tips 小訣竅

與其他易氧化變色的蔬果一樣，酪梨切開後
可淋上些檸檬汁，可避免果肉顏色變黑。

法 國 風 味

Pumpkin and Baby Corn Sandwich
南瓜玉米筍三明治

份量 Serves
4 份

材料 Ingredient

麵包
市售法國長棍麵包
（斜切2～3公分厚）4片

抹醬
南瓜泥30克
奶油白醬60克
鹽和黑胡椒適量

餡料
玉米筍（對半直切）8支
鴻禧菇40克
融化無鹽奶油15克
迷迭香葉1小匙
鹽和黑胡椒適量
卡門貝爾起司（切片）100克

做法 Method

◆ 製作餡料、抹醬、烤麵包 ◆

1 烤箱以上下火180℃預熱。玉米筍、鴻禧菇和融
　化奶油、迷迭香葉、鹽和黑胡椒混合均勻，排
　在烤盤上，移入烤箱烤10～15分鐘至熟軟。

2 奶油白醬做法參照p.89。將南瓜泥、奶油白醬、
　鹽和黑胡椒混合均勻。

3 將法國麵包片放入烤箱烤至金黃，取出。

◆ 組合、完成 ◆

4 將麵包先塗上抹醬，再依序放上玉米筍、鴻禧
　菇，最後放上卡門貝爾起司片，移入烤箱烤至
　起司片稍微融化，完成一份三明治。

Tips 小訣竅

1 菇類在使用前盡量避免泡水或沖洗，以免菇
　類吸水而喪失香氣，目前市售的菇類多是真
　空包裝種植，如果擔心衛生，建議用濕布清
　潔或快速沖洗即可。

2 餡料食材與奶油混合後放入烤箱烤，可使食
　材完整散發出本身的香氣，以及增添奶油
　香，風味更佳。

COOK50153

異國風麵食料理
鹹 派 、 披 薩 、 餅 、 麵 和 點 心

國家圖書館出版品
預行編目資料

異國風麵食料理：鹹派、披薩、餅、
麵和點心／金一鳴著 --初版.--台北市：
朱雀文化，2016.09
面； 公分，--（Cook50；153）
ISBN 978-986-93213-7-2 （平裝）
1.食譜 2.異國料理
427.31

出版登記北市業字第1403號
全書圖文未經同意，不得轉載和翻印

作者■金一鳴
攝影■林宗億
料理擺盤■張小珊
美術設計■*See_U Design*
編輯■彭文怡
校對■連玉瑩
行銷企劃■石欣平
企畫統籌■李橘
總編輯■莫少閒

出版者■朱雀文化事業有限公司
地址■台北市基隆路二段13-1號3樓
電話■(02)2345-3868
傳真■(02)2345-3828
劃撥帳號■19234566 朱雀文化事業有限公司
e-mail■redbook@ms26.hinet.net
網址■http://redbook.com.tw
總經銷■大和書報圖書股份有限公司（02）8990-2588
ISBN■978-986-93213-7-2
初版一刷■2016.09
定價■360元
出版登記■北市業字第1403號
全書圖文未經同意不得轉載
本書如有缺頁、破損、裝訂錯誤，請寄回本公司更換

About買書：

●朱雀文化圖書在北中南各書店及誠品、金石堂、何嘉仁等連鎖書店均有販售，如欲購買本公司圖書，
建議你直接詢問書店店員。如果書店已售完，請撥本公司電話（02）2345-3868。
●●至朱雀文化網站購書（http://redbook.com.tw），可享85折起優惠。
●●●至郵局劃撥（戶名：朱雀文化事業有限公司，帳號19234566），掛號寄書不加郵資，4本以下無
折扣，5〜9本95 折，10本以上9折優惠。